职业院校专业课程改革系列教材

服装高职考 手绘效果图与款式图

FUZHUANG GAOZHIKAO SHOUHUI XIAOGUOTU YU KUANSHITU

王　群　王张根◎编　著
施丽萍◎副主编

浙江工商大学出版社
ZHEJIANG GONGSHANG UNIVERSITY PRESS
·杭州·

图书在版编目(CIP)数据

服装高职考手绘效果图与款式图 / 王群,王张根编著.
—杭州:浙江工商大学出版社,2020.3
ISBN 978-7-5178-3688-9

Ⅰ. ①服… Ⅱ. ①王… ②王… Ⅲ. ①服装设计—高等职业教育—入学考试—自学参考资料 Ⅳ. ①TS941.2

中国版本图书馆 CIP 数据核字(2020)第020510号

服装高职考手绘效果图与款式图

FUZHUANG GAOZHIKAO SHOUHUI XIAOGUOTU YU KUANSHITU

王 群 王张根 编著 施丽萍 副主编

责任编辑 厉 勇
封面设计 雪 青
责任印制 包建辉
出版发行 浙江工商大学出版社
(杭州市教工路198号 邮政编码310012)
(E-mail:zjgsupress@163.com)
(网址:http://www.zjgsupress.com)
电话:0571-81902043,89991806(传真)
排 版 杭州朝曦图文设计有限公司
印 刷 杭州高腾印务有限公司
开 本 880mm×1230mm 1/8
印 张 15.5
字 数 130千
版 印 次 2020年3月第1版 2020年3月第1次印刷
书 号 ISBN 978-7-5178-3688-9
定 价 80.00元

浙江工商大学出版社营销部邮购电话 0571-88904970

前 言

浙江省中职服装专业的升学考试于2012年开始进行大调整，从每位考生要考全科内容改为分方向考试。一是设计方向，即每位选择设计方向的学生需要参加服装手绘效果图(100分)、服装综合理论(120分)、服装工艺零部件(80分)的考试；二是制版方向，即每位考生要参加服装制版(100分)、服装综合理论(120分)、服装工艺零部件(80分)的考试。

编写本书的最初灵感是学校为学生优秀作业编留校作品集。因为2019年毕业的16服装高考班学生在浙江省服装技能高考中获得比较优秀的省排名，尤其是包揽了前三名。为了更好地传递教学研究成果，也为以后的考生做一个良好的示范效应，特此整理。本书以本班学生在浙江省服装专业技能高考手绘项目中的省排名为顺序，进行考前习作的展示，以图为主，以教师点评为亮点，为下一届考生参加高考服装手绘项目的集训提供参考！本书由绍兴市柯桥区职业教育中心施丽萍老师担任副主编，设计思路由绍兴市柯桥区实验小学赵燕冬老师负责撰写。

本书的不足之处在于没有收集到历届状元考生的现场作品。但是有两届学生的考试经验传递，包括工具准备、材料准备、心理准备等，不管是失败还是成功，都是好的经验，都能起到良好的借鉴作用。

在此感谢为本书提供资源的张湘怡、周静静、郦瑯鸶、任佳玉、诸颖婕、胡科、茹蝶、徐雨婷、李玉、宋江盈、蔡彩梦、平燕费、陈天莎、陈竹青、陶浩男、李辰洋、杜泽浩等同学，以及为本书进行图片后期整理的高宇嘉、杜泽浩、胡科等CAD设计小组的同学。

王 群

2019年6月18日

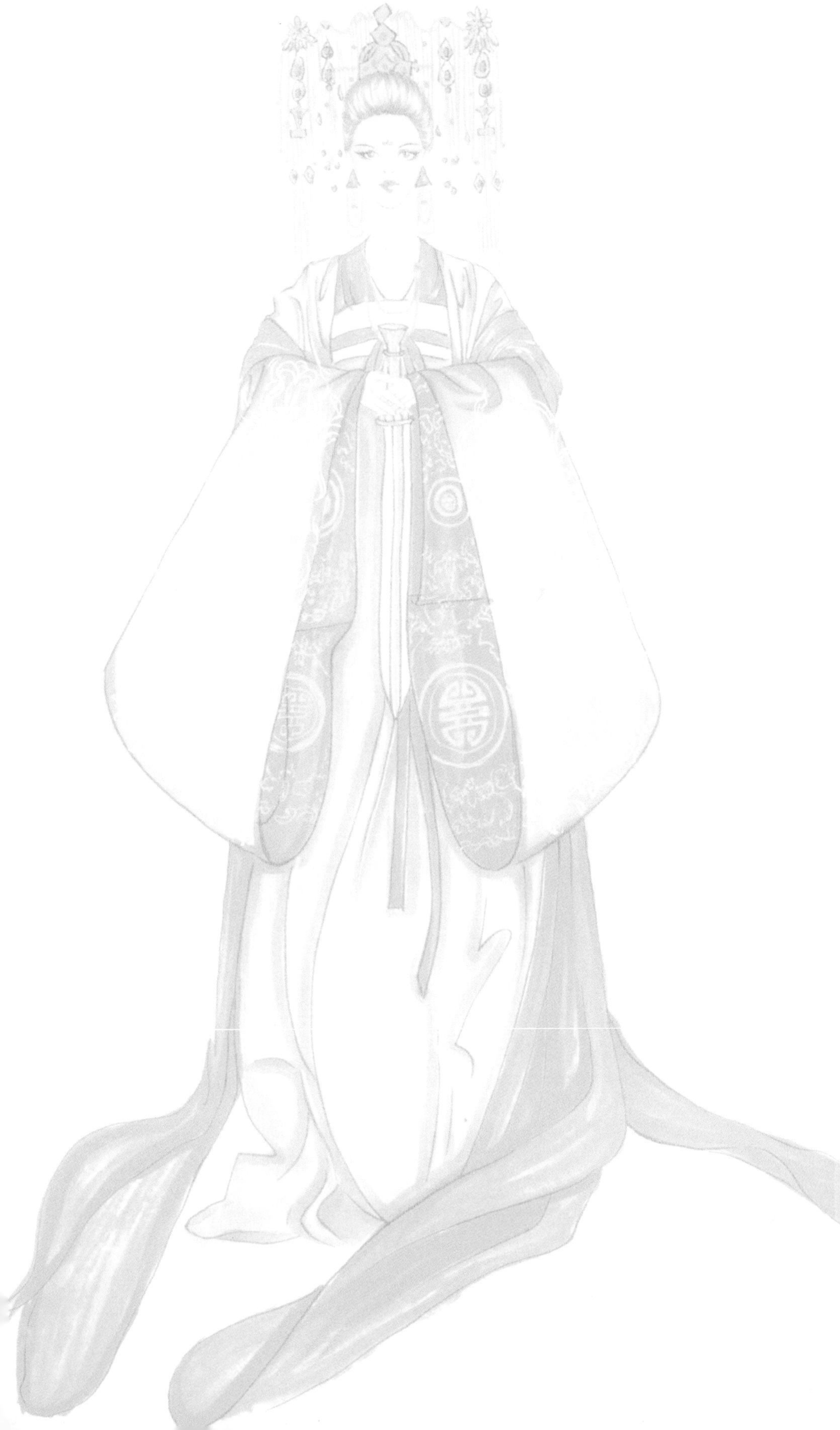

目　录

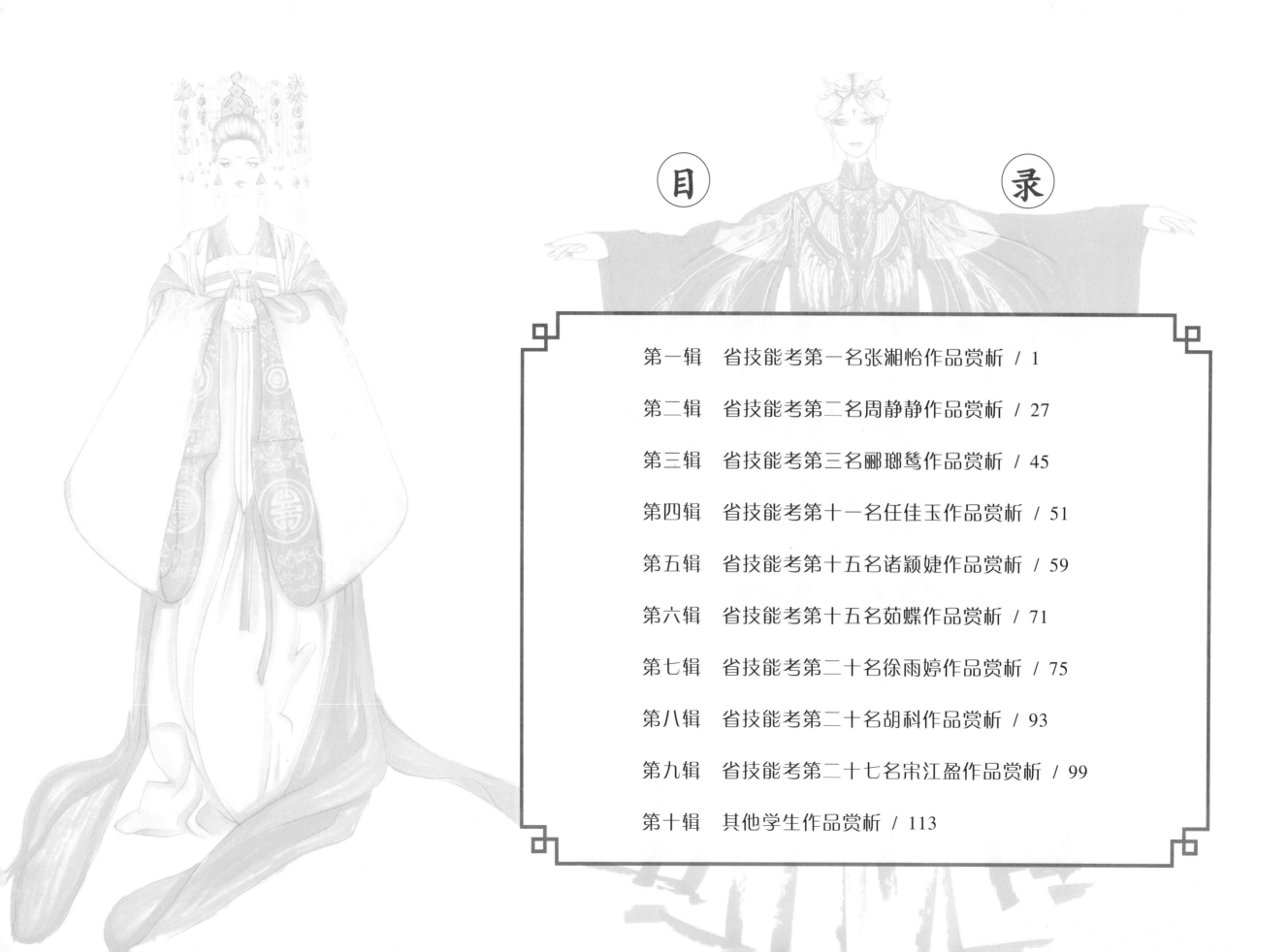

第一辑

省技能考第一名张湘怡作品赏析

主题：朋克女王的回归 一

设计思路 松垮、拼接的宽条，向四周肆意地招摇，红色的紧身内衫如宝石般透孔而出，粗犷的牛仔裙上闪烁着宝石的星星点点，不规则的烂花网袜，在深深浅浅的蓝灰色中走出潇洒、个性的朋克步伐。

◆**教师点评：** 湘怡在绘制的过程中落笔比较自信，只是在整体大处理上还有上升空间，边缘处理的时候可以放开来些，对穿插稍加注意就更好了。对模特手的颜色做了如薄纱般的手套处理，这个感觉挺好。另外在头发的处理上，头路从前往后要做逐渐虚化处理，头发的用色也要从前往后逐渐虚化。

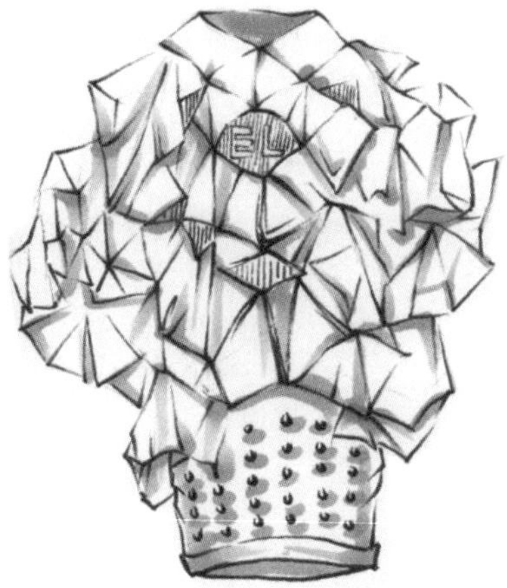

主题：朋克女王的回归 二

设计思路 朋克一族的自信就在于不在意别人所在意的。乱网织物，饱满的填充，围裹在本是最吸睛的腰部，没有了三维的曲线之美，却多了份洒脱与放松，蓝色在周身跳跃着，像精灵一般自由出没。真丝欧根纱和烂花毛圈布，是透与透之间的分层，加之腰部的缎纹蓬松肌理，让滑与松更富戏剧之美。

◆**教师点评：** 如果再多点疏密关系的处理就更好了，线性装饰给画面增加了不少动感。在人体上色的部分，髌骨下方适当作转折面的处理就会更好，后鞋虽然精彩，不过还是不要比前脚更出挑为好。

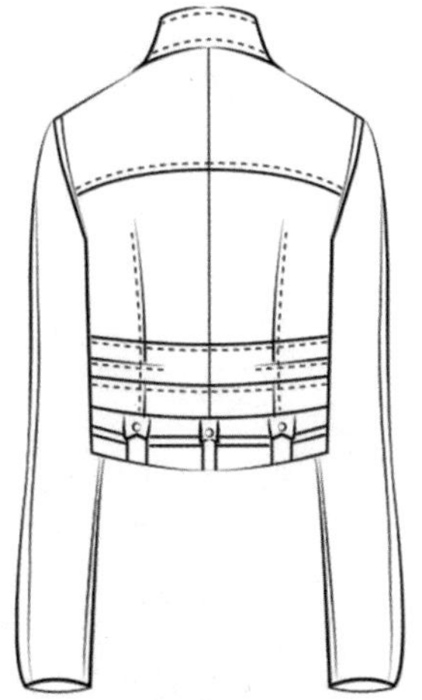

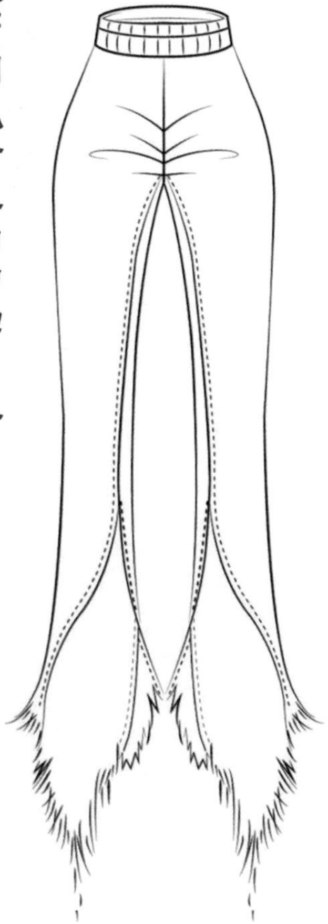

主题：朋克女王的回归 三

设计思路 利落的牛仔套装，看似常规的廓形，却处处留着朋克的细节，破损的裤面，胫骨前撕裂般的开叉，脚口的毛边随着步伐，动感十足，关节处的水磨处理，让深黑的牛仔更富耐读性。

◆**教师点评：**手的勾线有点重，建议改为肤色。上装款式图的大廓形没有问题，只是在领上口的辑线暴露了翻折线部位的欠缺考虑。款式图中，后裤的脚口画成了正面款式图，且直裆短了些，龙门上的抽皱符号不适宜代替磨砂效果，建议在款式图中不要用黑线画出来。模特的动态幅度还可以再大些。

主题：草裙舞的盛会

设计思路 舒适的宽吊带下是层层间隔的长短流苏，渐变的色彩在橙与绿之间交织，大大小小的珍珠在纱线上跳跃，蓬松的帽子和裙子呼应着、甩动着，密密的质地、迷离的色彩，衬托出的是人体细腻与光滑的肌肤。

◆**教师点评：**模特的手略显比例上的不足，锁骨描绘得有些过于强烈了些，但手臂的肌肉起伏，很富女性意味，肱二头肌到内肘窝的部位，颜色可以稍深，模特左手的肱桡肌部位可以再提白些。

主题：雅皮士

设计思路　低纯的色彩对比，立体盘带绣的粗犷外套，拼接粗中有细的全棉无弹斜纹牛仔，填胶压花的牛仔裤，加上粗犷的明辑线，极富装饰效果。宝蓝色的鞋子和帽子，让浑身有了些许亮色，与冷色调的冬季肤色形成良好的协调。

教师点评：上衣材质的松与下装裤料的紧，在轮廓处理上有差别，这个效果很不错。款式图中的裤子门襟一般不直接画到裆底，要结合平面制图与立体观察的双重思维来考虑。款式图中脚口的翻折效果在边缘线上要有所体现。

主题：极光

设计思路　高支纱的丝棉白衬衫，敞口袖被夸张的腕部黑色装饰所收紧，牛仔裙片用银色的拉链拼接，造型多变随心，配合极光般PU亮光皮革制成的夹克，一身的冷艳之气被火红的靴子激活，水润之感迎面扑来。

教师点评：服装的冷色调与模特的冷傲气质非常协调，色彩搭配中蓝绿和红色对比在面积上求得了平衡，黑色的手环和白色的衬衫，让色彩更加平和。不足之处在于上装的后中心分割线最好不要用色块，裙子的分割作为款式图可以再对称和精致些，作为三维款式图，裙子背部的明暗可以更符合人体起伏些，画面有款式细节图就更完整了。

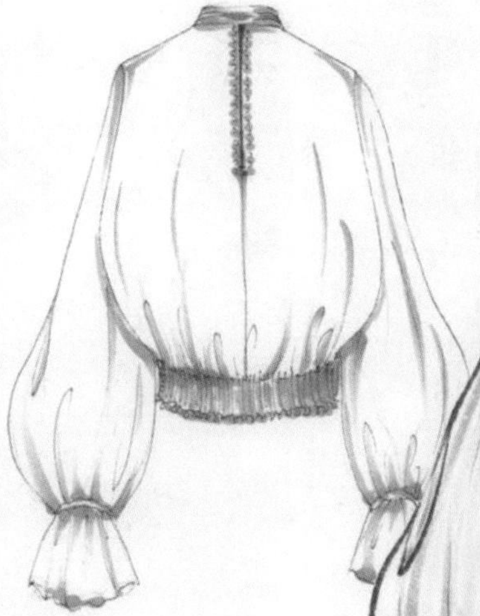

主题：晨曦

设计思路 清晨的阳光透过剪影般的草丛，金色的光芒让嫩芽变得透明而富有生机，立领下的蝴蝶结和腕部的抽皱，让造型起伏如浪。光泽柔和的重磅素绉缎对比黑皮长排流苏，用绿色的鞋子呼应嫩芽的图案，让邻近色动感十足。

◆**教师点评：**款式图的绘制，尤其是裙子，略显粗糙。上衣的松紧下摆和裙子的腰头相冲，建议上衣用普通衬衫下摆。

◆**教师点评：**效果图上可以不表现结构细节，但是在款式图中必须要考虑到裁剪和工艺的各种可能性，例如肩部凸出部位的结构设计，要设计合理；后视图中袖口不可看到开口，不然会显得袖子是朝后倾斜的，事实上，袖子是朝前倾斜才是合理的。裙子上的开合关系也要关注。整个画面效果虽是匀线勾勒，但是灰色阴影变化多端，让缎纹质感很舒适。

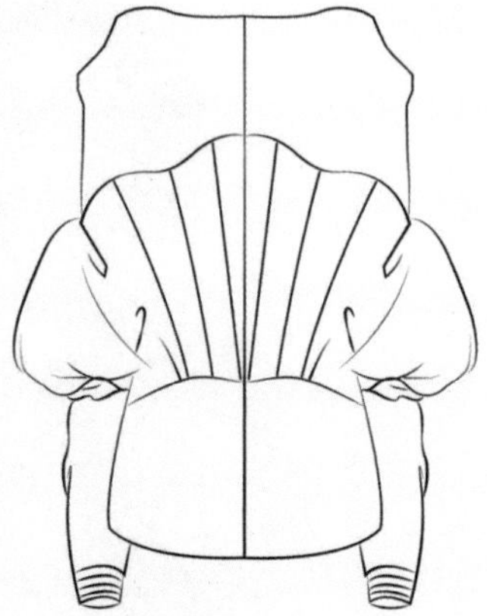

主题：月影

设计思路 月下的造型是晃动的，是迷离的，似清晰又恍惚，月光的反射带着白霜般的远景，让湖面泛起宝石光泽，在幽蓝的湖天同色映衬下，那抹粉红似红尘，令人恋恋不舍。创意的衣袖连体造型让廓形看起来像蛋形，但细腰却一览无遗。蓝色的针织、丝滑的白缎，加上精致的刺绣，让造型粗中有细、精致耐看。

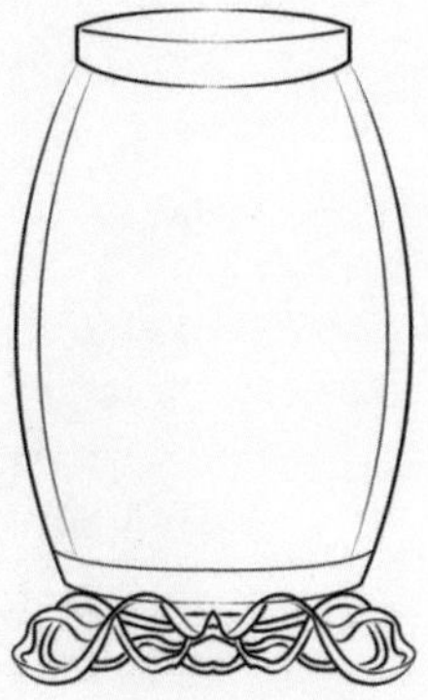

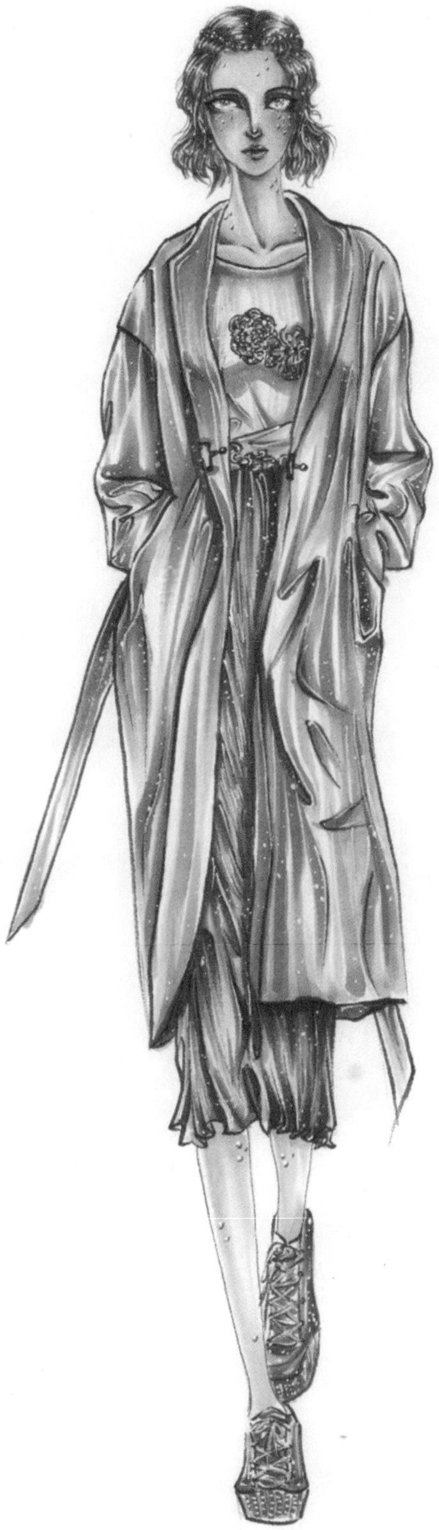

◆**教师点评：**宽松类款式在效果图绘制的过程中尽量用有粗细的变线，转角处不封口，效果会更好。因为百褶上已经笔触密集，所以外套的色块设计适当简洁些，这样疏密可以更加有对比性。款式图的明辑线不要和外轮廓、分割线用同宽线形。

主题：暖冬

设计思路 红色双面羊绒外套，柔糯却有型，百褶的长裙从高腰处一泻而下，与鞋子、发色三段呼应，白衫绣上红和紫色花朵，让整体有了视觉中心。休闲、柔软、宽松是现今社会生活追求的主旋律。

◆**教师点评：**勾线的时候要根据前后关系来决定线条的粗细，尽量前粗后细。后腿从膝盖到脚踝也要表现出前实后虚，后面的鞋子透视和虚化处理可以再考虑考虑。

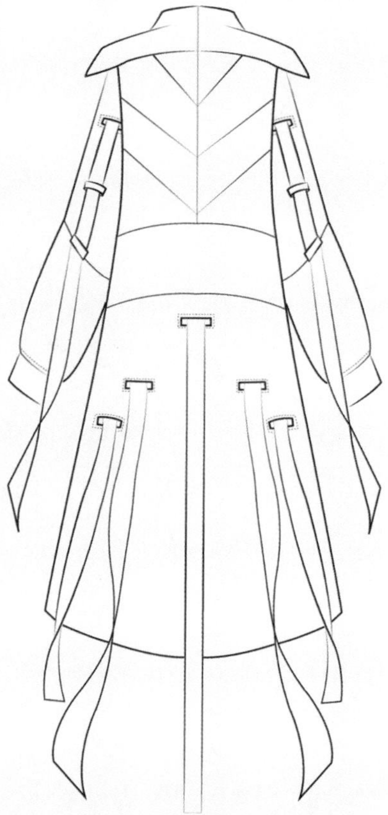

主题：冰火两重天

设计思路 红橙似男孩的血气方刚，蔚蓝似男孩的冷静智慧，无论有多少的拼贴组合，都挡不住智慧与力量的帅气，反而演绎出了点线面的元素组合之美。虽是一组强烈的对比色搭配，但蓝色在头饰和衣服上闪烁，红橙在蓝色中间时隐若现，连鞋带都不曾忘记与整体的呼应。

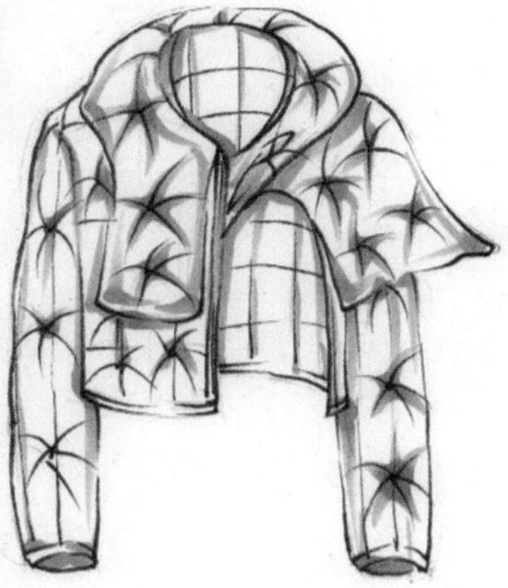

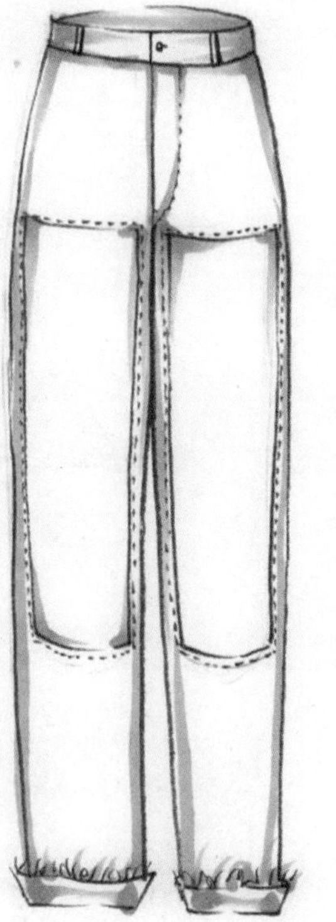

主题：星际原野

设计思路 静夜，深蓝色的星空被漆皮的镜面反射出来，上衣下裤的同质不同肌理，通过立裁的手法完美实现，烂花处理的打底上衣，自然遗留斑驳的花印，似原野在静夜的深蓝笼罩下，那般朦胧且富有诗意。

◆**教师点评：** 张湘怡对男人体平日里训练得少，比例比较陌生，一般男人体不太夸张腿的长度，张湘怡整体比例掌握得还不错，当下也确实流行长腿的审美，不过模特的手着实短了些。款式图中，裤门襟的明辑线太长的问题还是存在。

◆**教师点评：** 毛皮的质地对于一般学生而言，比较难以表现，张湘怡的作品虽未达完美效果，特别是在毛皮的质地下去体现起伏的手臂和胸部，但已经相当不错了。如果围巾投射在毛线裙上的阴影再有所表现的话，效果会更好。头发和鞋子的暖色本来是挺不入调的，但是女孩却用跳动的小点点让画面毫无违和感。

主题：蓝狐

设计思路 特粗的毛线针织裙与围巾，把蓬松的黄绿染色狐裘压出一个全新的小A摆造型，使长方形的廓形不再呆板、笨重。

◆**教师点评：** 后上衣的款式图中，领外围线的弧度造型有点不合适。腰部的细节图画得不专业，主要是因为没有做过实际的立裁肌理。头发绘制的时候最好适当分缕来画。款式图中裤侧缝被口袋遮挡的结构建议用虚线表示。

主题：女孩的侠客梦

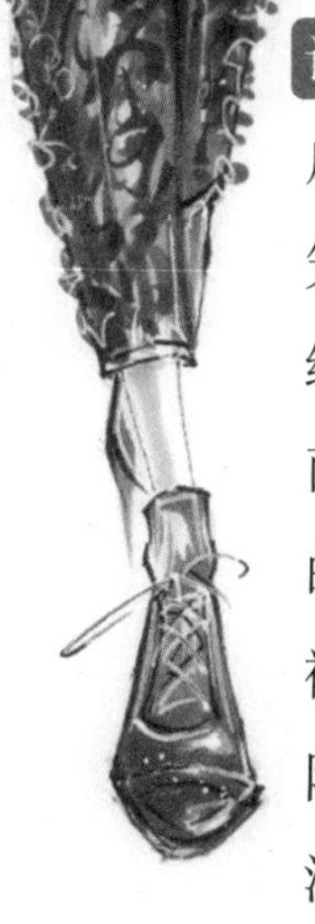

设计思路 落肩的利索与小灯笼袖在淡蓝色的缎纹细条男衬衫面料上显得格外的简洁，高腰的立体花小脚裤，因为裤袋的夸张而愈加地起伏跌宕，隐隐的冷暖对比被黑白的穿插给轻描淡写了，小鸭舌帽让中性之味更浓！

◆**教师点评：** 前腿的膝盖以下部位结构有问题，尤其是小腿部位的左右两侧线条没有正确表达腓肠肌的结构。手的比例比脸部小太多，不准确。款式图中，服装的开合关系要与实际的制图联系起来，在松量比较小的情况下，后中拉链要开到臀围线上方。可效果图上是立体装饰的花边，在款式图上也一样在侧缝处表现出立体感来。

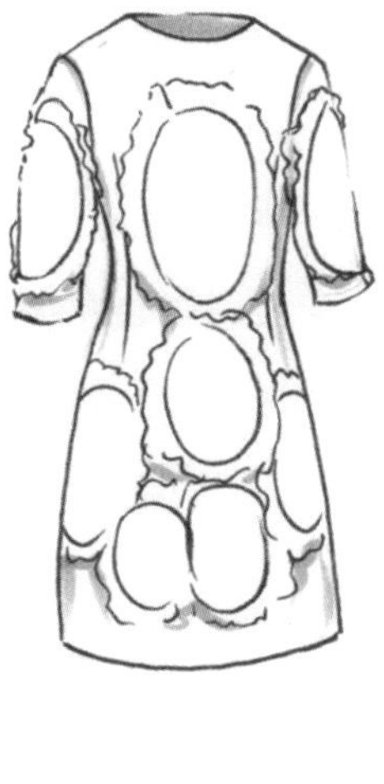

细节图案

图案周边蕾丝装饰细节图

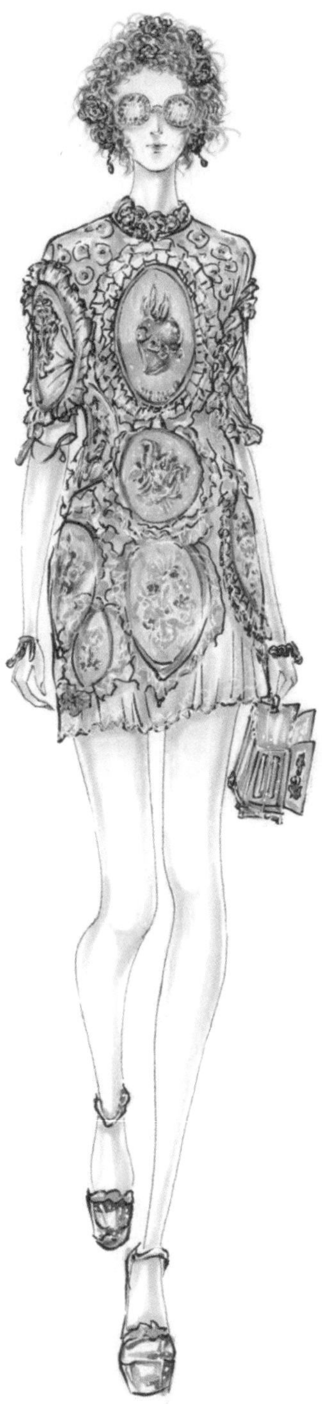

主题：落英缤纷

设计思路 适合 15—25 岁的女性，于宴会等场合穿着。服装上的图案和蕾丝的装饰使服装颇具浪漫感，采取花瓣形的领子设计使之更活泼，运用丝绸柔滑的面料，廓形比较紧身，体现人体曲线美。

◆**教师点评：** 这款服装走的是大俗即大雅的路线。效果图上的用线已经很活了，以后注意效果图和款式图上的领角造型要一致。

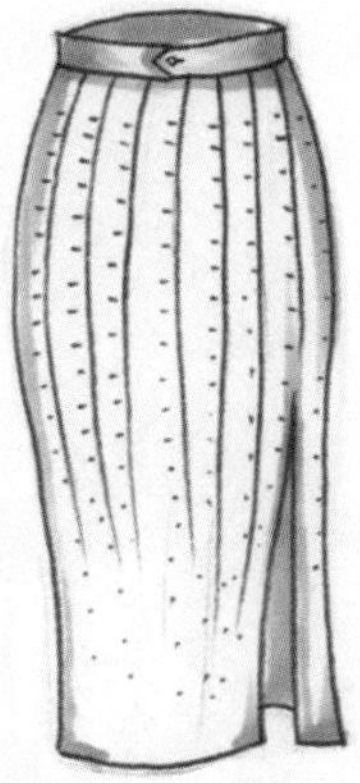

主题：迷

设计思路 运用大自然的色彩，有一种清新淡雅之气，整体宽松随意。腰间绑的碎花丝绸，又将人体的曲线显现了出来。

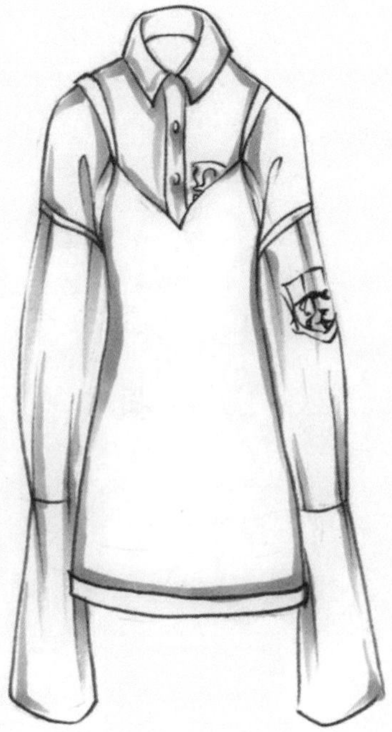

◆**教师点评：** 款式图中，后腰省长度要超过胸围线，否则胸下围容易肿包。前后横开领的造型有细微的出入，实际绘画过程中可以通过测量肩线的长度来确定。

主题：万紫千红

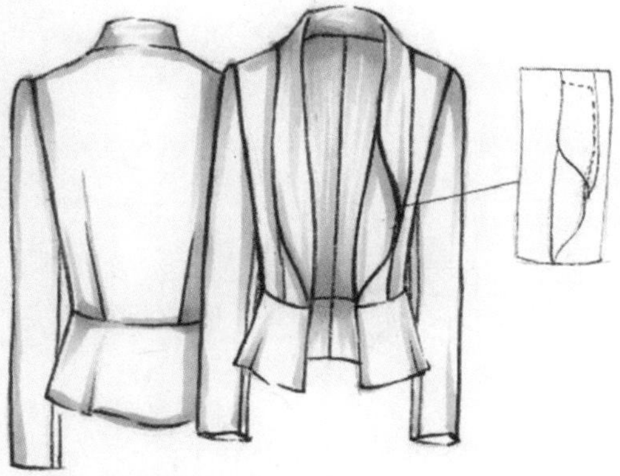

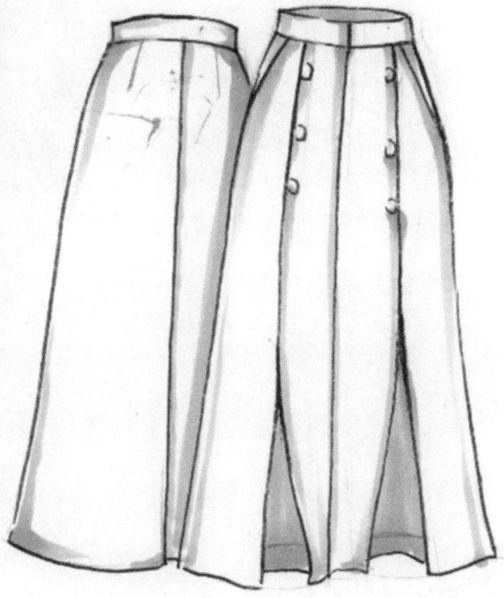

设计思路 不对称的花瓣形青果领，修长且服帖，似裤非裤、似裙非裙，七分裁断，却也符合平肩微翘，方正之间显得气场十足。高品质的混纺面料套装，虽然有前裙的分割与纽扣，但还是平淡了些，红绿的对比虽占很小的面积，却是重要的存在。

主题：雨花石

设计思路 色彩斑斓的雨花石铺满窗台，顺着帷幔的边缘顺垂而下，轻轻拉开，似一缕幽蓝的晨光柔柔地投射进来。点线面的综合运用，带来修长的身姿视错，透与不透的细腻变化，带来虚虚实实的耐读细节，抽皱的长与短对比，带来浪的大小波动，浅色的大调中活跃着丰富的对比色，静雅又不失生机。

◆**教师点评：**本是一款秀雅的服装，粗短的腰带让流畅度打了折扣，细节图建议用工艺的专用表达符号，画得工整些。款式图中后中既然装拉链，一般后中就要裁开到底摆。常规角度来看，后片应该衣挡袖，如果空间够充足，可以将袖口微微展开，看起来会更美。

◆**教师点评：**效果图中，模特手的比例严重失调。款式图中，领口线不够顺畅，前视图中没有正确表达后中装拉链的结构，后袖口的内侧应该向上倾斜，而不是向下倾斜。

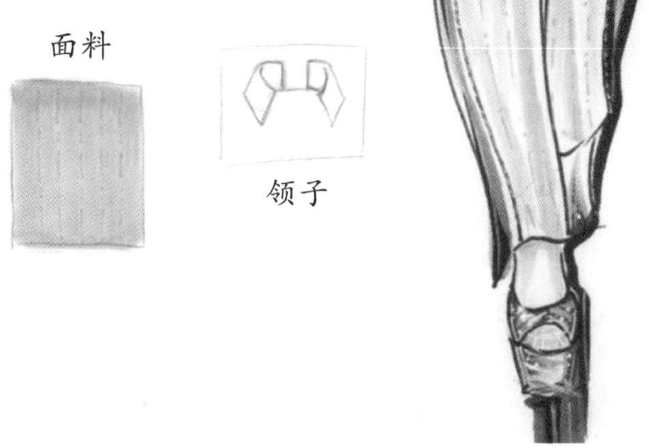

主题：锦瑟年华

设计思路 干练而不犀利的轮廓，高雅而不暧昧的粉色，配合大V领和引领视错的黑色镶边，用带着暗条的弹力真丝实现美丽与功能的完美共存。

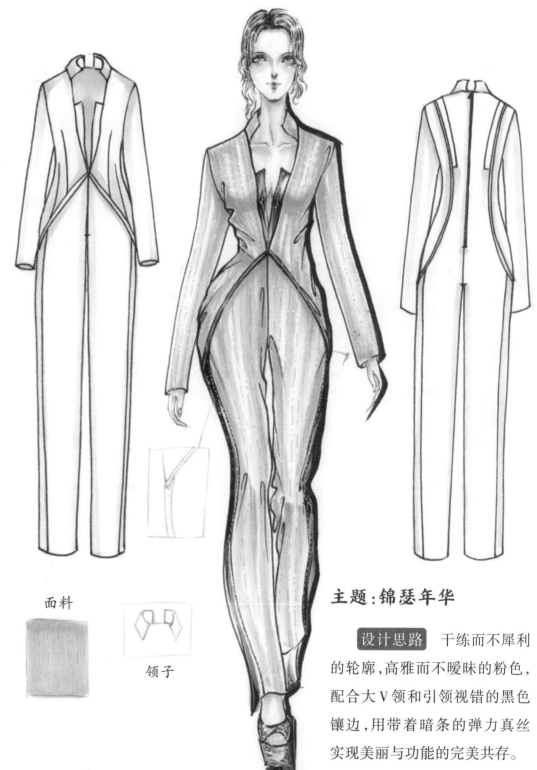

设计思路 超宽的布条绣，层层叠叠出睡莲的静谧之美，灯罩般的双层短裙，让收缩减缓了速度。曼妙的图案似花在水中的倒影，O型大轮廓上云肩与发饰犹如彩蝶双飞，蓝松石串珠似雨露绕美颈，似涟影晕腰间。

主题：睡莲

北面款式图

◆**教师点评：**这是一幅略带装饰性的效果图，模特的妆容和肤色的设计都有所夸张。只是模特的左手有点怪异。如果能有宽布条绣的细节说明图就更好了。

◆**教师点评：**款式图前片的下口袋不能因为有褶皱而忘却比例的重要性。后裙片的下摆透出来的前裙片的局部，可以用再细一档的线来勾勒，更能体现前粗后细的空间感。

主题：时尚军旅风

设计思路 方正的关门领，方正的立体袋，工整的肩袢，紧密的排扣，都在关键的细节处传递军旅之风的信息，然时尚是不安分的，彩旗般翻扬的下摆，被不规则地裁开、添加。打底裙上，鲜艳的条纹没有破坏军旅之风的整体感，黄绿的糅合反而和整体的大色调保持了一致，若隐若现的红蓝条成了浅绿调的调味剂，一根暖色腰带系出如风的妩媚。

主题：炫动

设计思路 纱质礼服，飘逸灵动，纯色的蓝橙对比在重叠处过渡，透与不透，似艺术家笔下的色彩一般跳跃，不可捉摸。随意散落的小亮片，静时浪漫而优雅，动时活泼而炫动。

◆**教师点评**：效果图中，上衣和下裙被腰节线所分段，形成独特比例；款式图中的比例也应该和效果图的同等比例展示，这个错误湘怡要认真对待。

主题:美女与野兽

设计思路 月夜的漆黑盖不住野兽花园里的玫瑰，黑纱的朦胧遮不住鲜花的娇艳，黑丝绒的裙摆极力镇压着整体的蠢蠢欲动。为美冒险是女人最勇敢的行为。

◆**教师点评**：黑纱的透明之感表现得非常好，尤其是袖子边缘的虚实与穿插，非常老练。款式图后片的背部明暗有点奇怪。建议以后不要过于强化，因为此处为大、小圆肌，如果突出，往往是脂肪堆积的缘故，这不是美的特征，我们要避免。

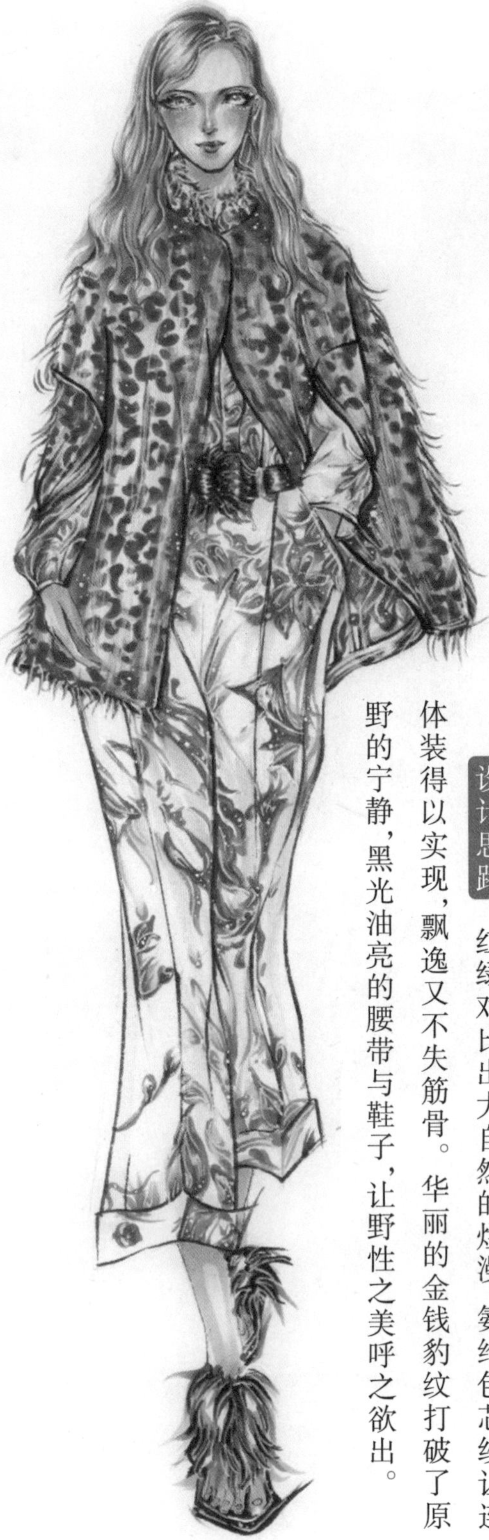

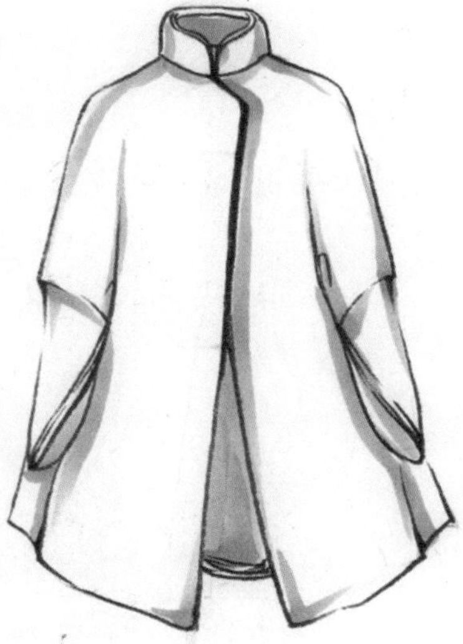

◆**教师点评：**手背的长度应与手指一样长，注意比例。款式图中，外套的后片下摆，贴边翻折量还可以再宽些，再虚一些，连体装的肩膀有点太宽了，破坏了整体的长宽比例。

主题：森林深处

设计思路 红绿对比出大自然的烂漫，氨纶包芯纱让连体装得以实现，飘逸又不失筋骨。华丽的金钱豹纹打破了原野的宁静，黑光油亮的腰带与鞋子，让野性之美呼之欲出。

◆**教师点评：**丝、毛、钻，本就是差别巨大的材质，搭配在一起，视觉效果肯定强烈。线条在绘制的过程中，不同材质一定是用不同的轻重、缓急、顿挫来体现。

主题：东欲雪

设计思路 私出房栊夜气清，一庭香雾雪微明。如柳絮鹅毛纷纷，似数蟹行沙上，正是冻合玉楼寒起粟，光摇银海眩生花。

主题：紫禁城印象

设计思路 朱红色的紫禁城门上，九路门钉是权力，预示权力的至高无上，富丽的中国红随着装饰带向上延伸，犹如天上宫阙，门下金光四射，脚踩青云，仙女下凡。红色漆皮、生冷的铆钉带来肌理的尖锐碰撞，细长的管珠让动感达到高潮。

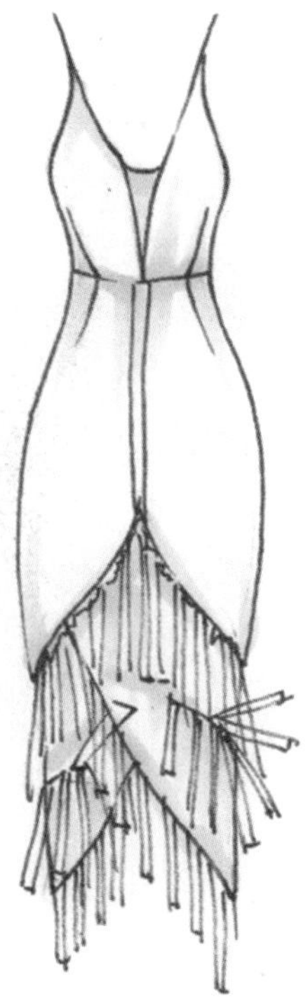

服装裙摆

◆**教师点评：**模特的动态有点僵，模特的右手结构不对。款式图前片的胸省斜度太大，会导致工艺难度系数增加，且对造型不宜。

◆**教师点评：**在打底裙的领子高度，款式图和效果图的差别有点大。效果图上单根线已经有了粗细变化，但是整体的粗细变化尚未掌握。

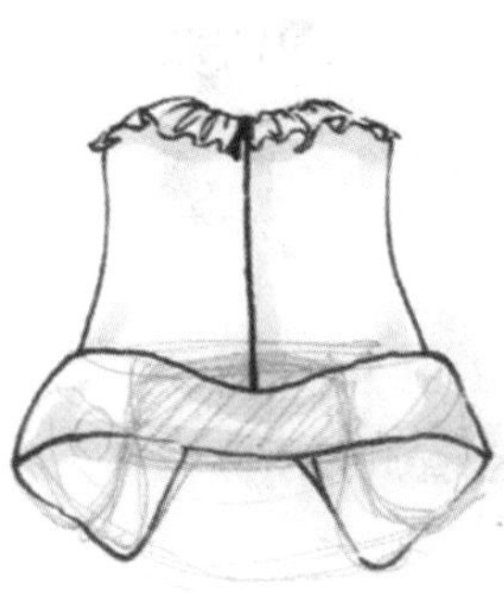

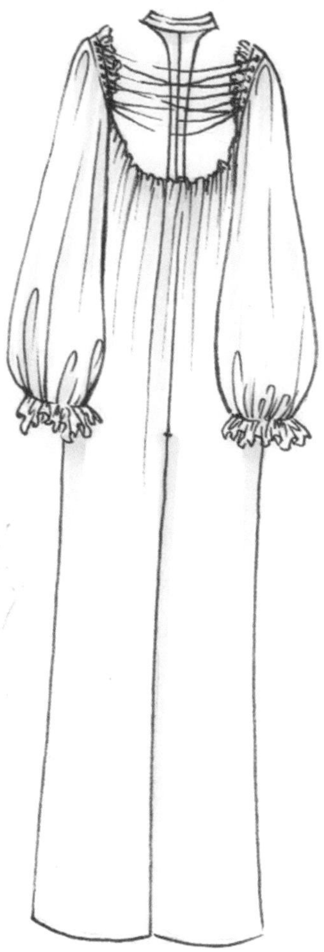

主题：寻梦

设计思路 撑一支长篙，向青草更青处漫溯。满载一船星辉，在星辉斑斓里放歌。抽皱、填充，一收一放；蓝色、橙色，一冷一暖。貌似简单，实则不清不透。

教师点评： 冬季肤色不适合浅蓝灰的服色，以后要注意。

主题：诗海寻贝

设计思路 浅蓝灰色调带来平静的心情，由密向疏分布的海草纹与贝壳，引导着观者的视线。蝴蝶结做的短袖，抹胸，高腰，纯涤提花大A摆，都是年轻的元素，少女的轻盈步伐如水蛇扭动，妩媚动人。

教师点评： 手的比例依然是湘怡的弱点，色彩搭配在小细节处见变幻的手法，湘怡已经应用得比较熟练了。

主题：凌波仙子

设计思路 柔糯如肌肤的新型涤纶长丝，带来丝般光泽与手感，抽褶、系扎、衍缝、各种肌理塑造手法随意堆积，给面料带来丰富的变化，简单的无袖、无领、直腰款，在几根丝带的折腾下，也是变化万千，韵味无穷。

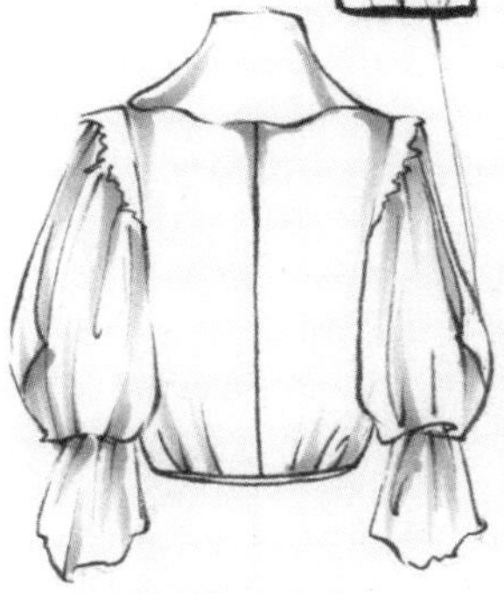

裙装纹样

主题：海的断想

设计思路 宽松的衬衫，宽泛的高立翻领，大敞口七分袖在肘部收了松紧，浪漫的蓝色温婉如海，绿色的刺绣更显精致、灵动。头层牛皮上精雕细刻着美妙、神秘的珊瑚珠的超短裙，形式仿佛乘风破浪的船头。

◆**教师点评：**腿的粗细与身宽有比例的要求，手的指尖应该达大腿中间。

主题：奶奶柜子里的时尚

设计思路 奶奶柜子里的老物件是吸引孙女儿的法宝，月份牌画，棕、绿、橙、红、黄、蓝，彩色布条编织成的毛衣、裙子、袜子，都是暖暖的爱意。大俗即大雅的点和线的密集反衬了肌肤的简洁。

◆**教师点评：**这是一张应试作品，用安全的完整手法是应考必备的基础，虽没有取巧的细节简化，但整体服装的繁复与人体的简洁，反而形成了互相衬托的关键。

教师点评：经过这段时间的材料学习，湘怡进步很大。

主题：幻夜

设计思路 帽兜、披肩，在阳离子变色龙闪光缎的衬托下变幻出迷离的色彩。轻柔、薄透的质地，紧扣观者的心弦。简洁的衣身与裙裤用75D二角异型丝，纬丝采用32S纯棉纱，在喷气织机上交织而成的变色龙面料，增加人体的舒适感和不透的安全感。同色异质的组合，令美丽与舒适双赢。

教师点评：款式图能根据材质变化轮廓，对服装的整体长宽比感觉非常好。湘怡制版、工艺、设计能力都强，所以作品就能上更高的层次。

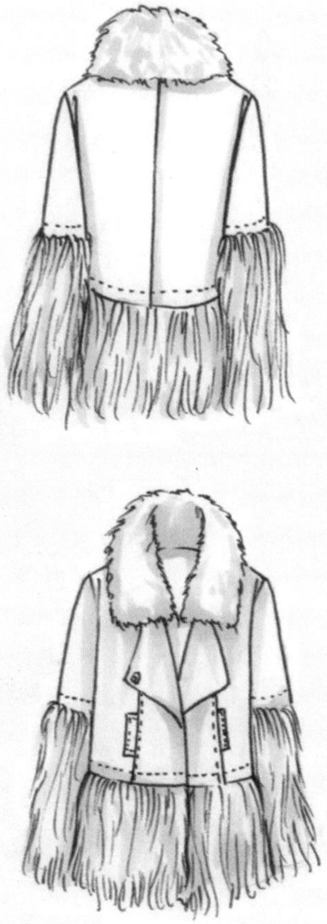

主题：行走的暖冬

设计思路 剪毛染色的水貂绒，在领子、下摆和袖口相拼貉子毛，内搭丝毛混纺针织长裙，图案的疏密变化，色彩的同色偏差，给人的整体感觉是浪漫而温婉。

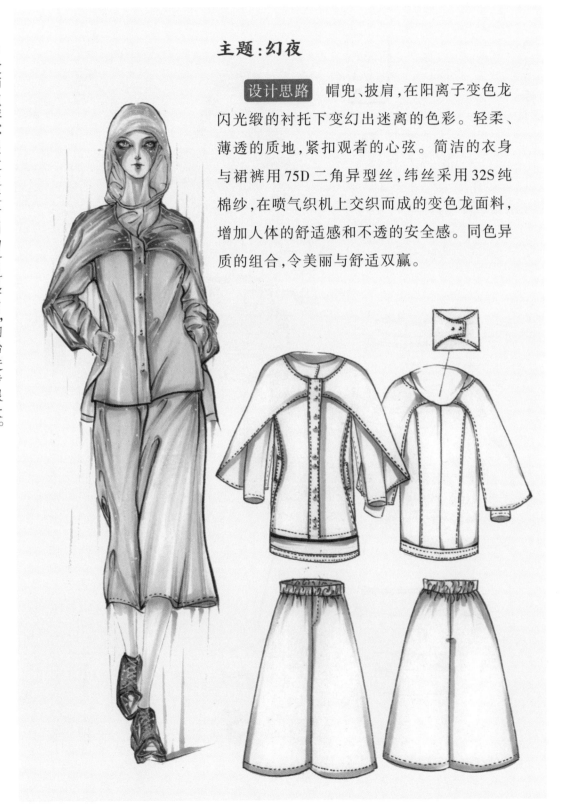

◆**教师点评**：效果图中，对包裹腿部的水平波浪线的边缘要注意转折，尤其是靠近腿部的衣纹部位，想想如何圆弧地包裹腿的立体结构。图案的分布可以适当运用省略的手法，不用面面俱到。

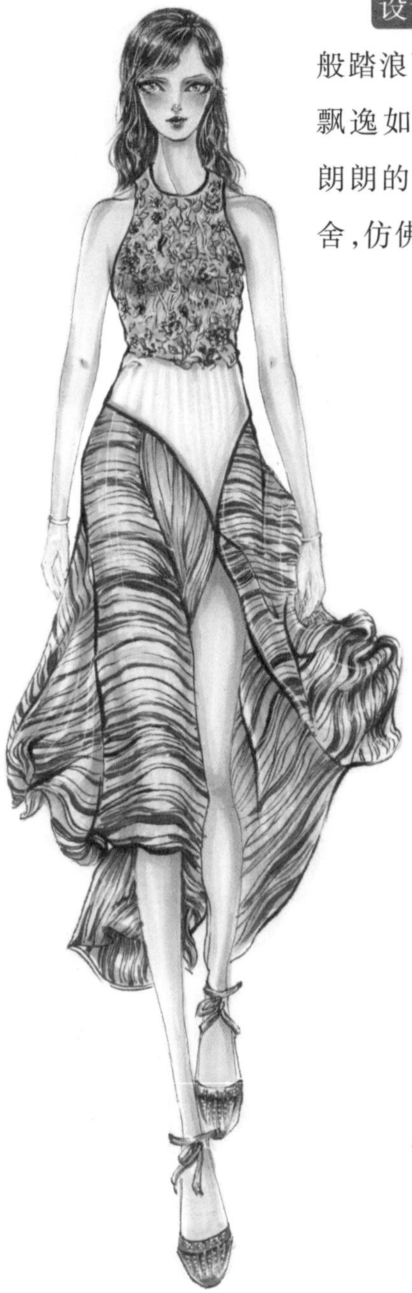

主题：海的女儿

设计思路 她如波提切利笔下的维纳斯般踏浪而来，贝壳色的条纹斑斓着，因雪纺而飘逸如波如浪，泛起五光十色的梦幻气泡。朗朗的晴空在腰际横出，让浪与气泡恋恋不舍，仿佛海的女儿为爱而离开的心情。

◆**教师点评**：男人体一般不夸张比例，同时还要在肩臀差、关节动态等处找与女人体之间的区别。暖色调部位的细致刻画和灰色外套的大刀阔斧，在用笔上形成对比，效果图非常不错！只是款式图看起来依然过于女性化了点儿，比如上衣肩宽与衣长的比例失调，裤子臀腰差太大。

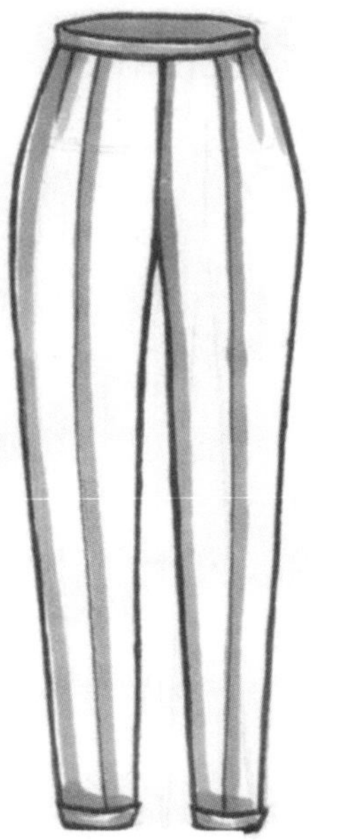

主题：爱尔兰男孩

设计思路 在背心、帽子和鞋子的呼应中，红黑的绒面格纹，英伦风烘托出暖男韵味，缎纹的锦棉外套在传统的廓形中加入了诸多中性的抽皱与分割，橙色的背景配合冷热调的包，激活了周身的蓝紫色调。

◆ **教师点评：** 款式图的绘制有点缩手缩脚，后片的腰节明显太长。这个款式在效果图表达的时候可以适当增加明辑线的特写，会使得款式更具耐看性。

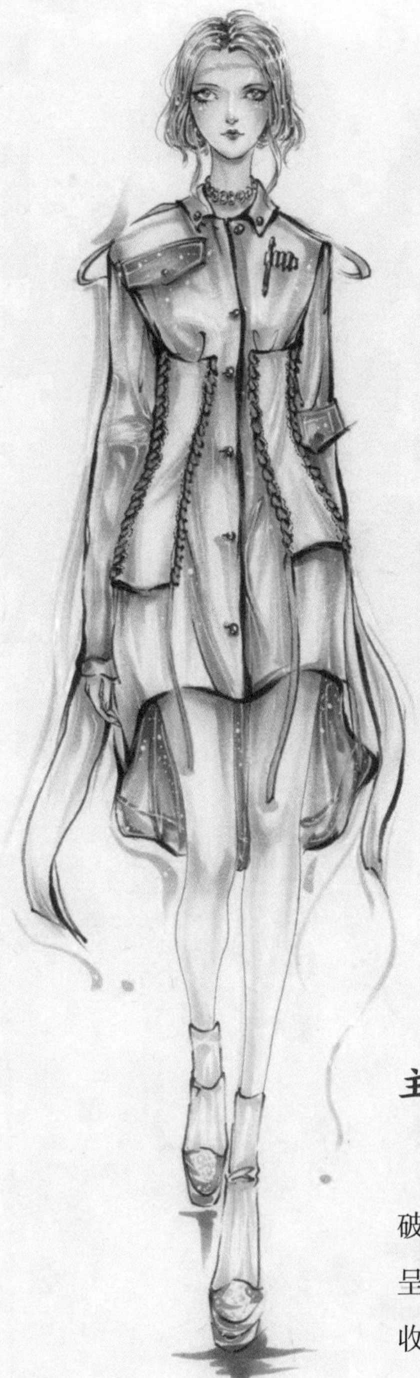

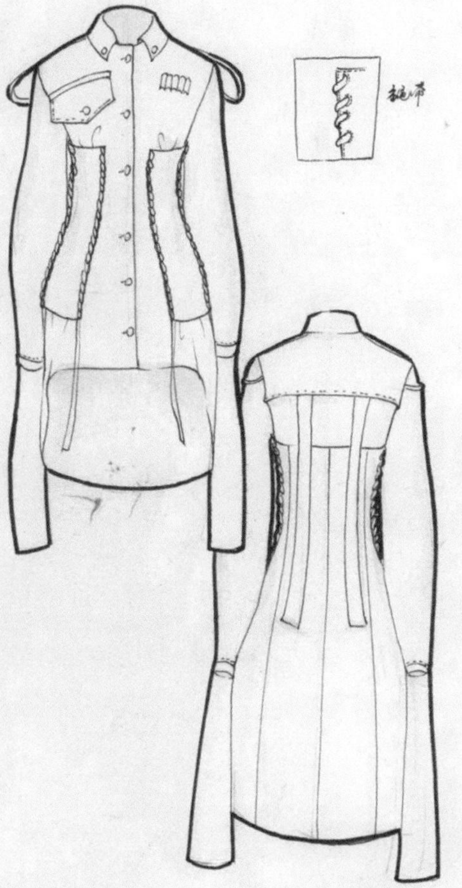

主题：工装改革

设计思路　在规则中寻找突破，工装之风被时尚的暖气流干扰，呈现出了不一样的景象。可活动式收腰，游走的带盖，松垮的肩袢，拉扯的袖口，好像一切都乱了套，但又感觉似乎那么地合情合理。

◆ **教师点评：** 人体动态幅度比较小，这类服装可以适当夸张，下口不收，效果会更好。

主题：紫醉金迷

设计思路　深V领开至腰节，微微的落肩打开了肩部的造型，鱼尾般展开的不对称裙摆，精致的刺绣，闪耀的珠钻，在腰间收拢，向四周扩散，X的廓形让模特更加动人妩媚。

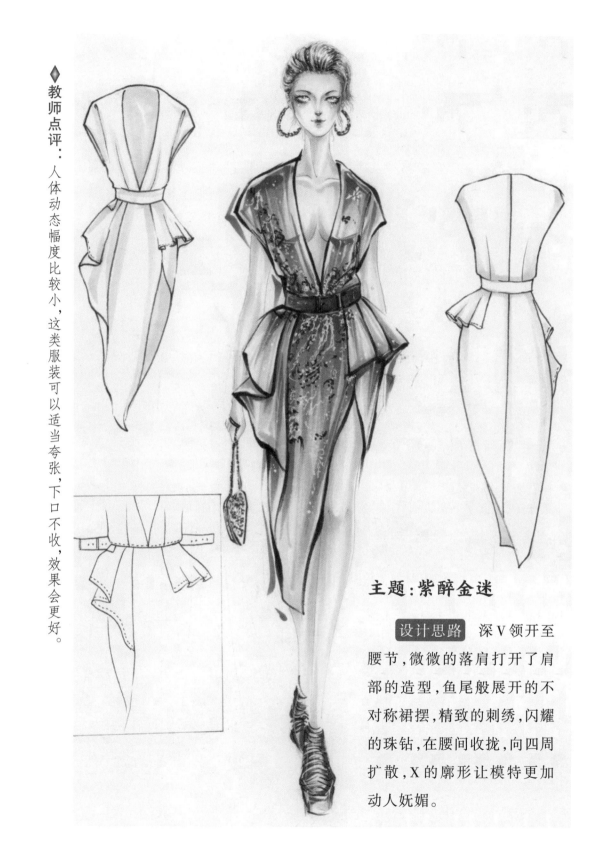

◆教师点评：宽松的款式，最好从肩宽与衣长的比例中去定位，用腰节和臂围的所在位来找寻袖长的位置。效果图的细节很多，反而让视觉中心遗失，有些时候有舍才有得。

主题：原色游戏

设计思路 红、蓝的原色对比，在羽毛围巾的调和下，变得扑朔迷离，镭射反光的渐变夜光外套，用多层装饰领打开气场，迷你的刺绣纹样统领全身，使一切归于和谐，突破了大色块的平淡。

主题：飒飒西风

设计思路 沧海横流，方显英雄本色；青山矗立，不堕凌云之志：简约而不简单的剪裁，在不对称的细节处展示，腰部的收紧与裤腿的放开，是动作幅度的空间想象。简单的紫灰对比被蓝色安抚，重心被飘带拉回。

◆教师点评：衣带、裤腿、发丝皆随风，款式既可以略看气场，也可以细看精彩，不错！

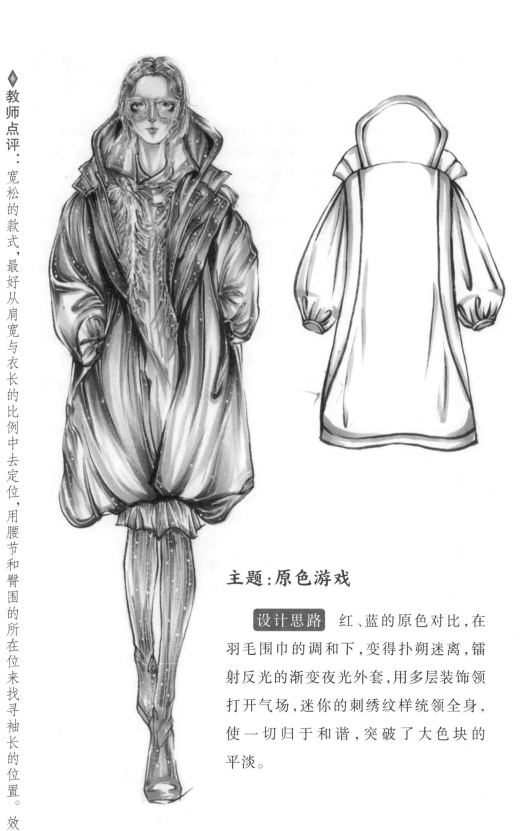

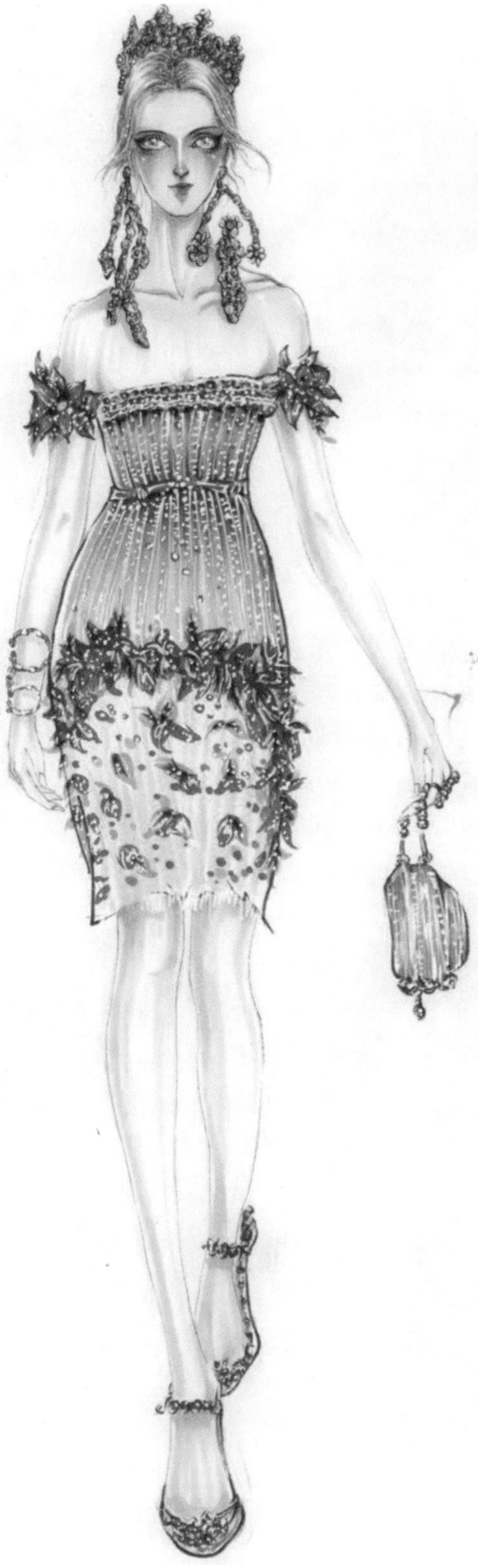

主题：花苑琼丹

设计思路

云想衣裳花想容，春风拂槛露华浓。针织与雪纺，在珠钻的镶嵌与立体花的簇拥下完美过渡。细密的发饰与耳坠，有中世纪的镶嵌画之美，也有洛可可的浪漫之感。

◆**教师点评：**细节图可以是装饰用的立体花的放大图，也可以是耳坠或发饰的细节图。

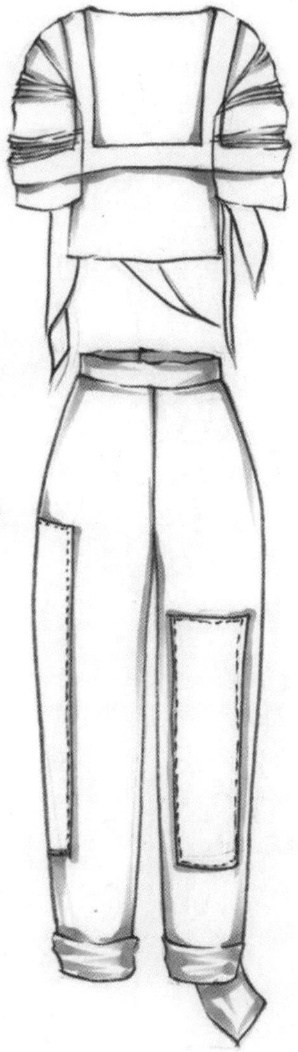

主题：颠覆

设计思路

在作品中穿插七彩斑斓的色彩，融入多种材质的运用，碰撞出无限激情，呈现作者未来风格的点点迹象。

◆**教师点评：**铝合金材质的新面料，折射出比图层面料更为真实的光泽。有彩色的呼应可以在反光的地方适当添加。款式图的裤子上结构性分割与省道要注意，不可省略。

主题：紫狐出山

设计思路 薄如蝉翼的柔纱，制成五段塔裙，反光犀利的镭射变色龙漆皮，支撑男式夹克，袖肘收拢，挽出大小不一的灯笼袖，同色易质的蓝紫色在撞色的羽毛装饰中显得神采奕奕！

◆**教师点评：**整体的刻画挺不错的，纱的透感画得很活，画面中有收有放，尤其是下摆一左一右、一上一下的透气口非常自然、大气。

主题：火凤凰

设计思路 黑色的小西装泛着发色的暖橙，紧身的低腰涂层皮裤，衍缝体现出肌理的疏密，一条丝巾系扎抹胸，令健康的腹直肌迷人展示。

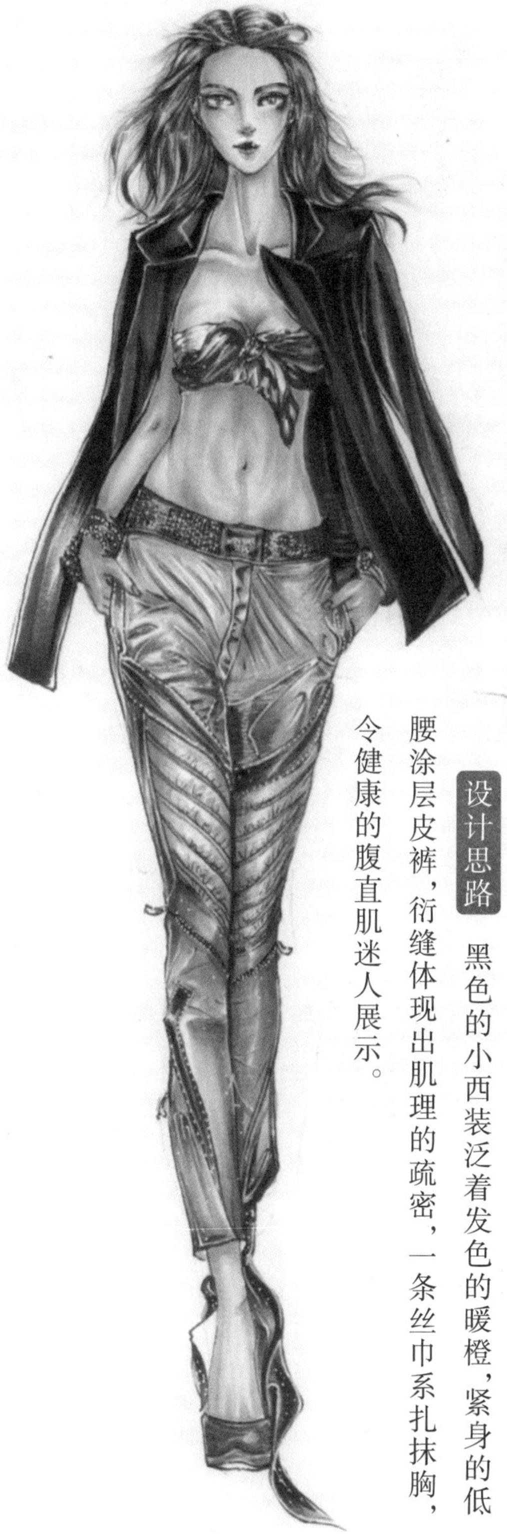

◆**教师点评：**色彩的呼应方面有进步，文胸的颜色在裤子上有了反射，使得上下有了呼应，整体有了色调。模特的右手肘部颜色可以再深一点，使内肘点向后延伸，效果会更自然。如果款式图的后领圈部位加个贴片，会更符合常规思维。

主题：豌豆公主

设计思路 豌豆，在中国的祝福寓意颇多，两颗豆子寓意母子平安，三颗豆子寓意福禄寿，四颗豆子寓意四季平安，多颗豆子寓意多子多福。白底上深深浅浅的绿意，是本款服装的重点——图案，大A摆的帝政风格结合珠光宝气的项链与皇冠，犹如豆荚公主刚从田园放松回来。

◆**教师点评：**豌豆的刻画比较精细，要表扬，手臂的肌肉起伏还不够准确，建议再去看看解剖书。

主题：水生花

设计思路 欧根纱透明牙签条支撑的外套，柔顺又不失造型，蓝色水生花被晕出水波纹，红手套与发带呼应，让花心蠢蠢欲动。

◆**教师点评：**眼影与肤色的呼应是化妆品开发时的考量点之一，湘怡很擅长用大色块的和谐，小色块的对比来丰富与稳定画面，用色已经非常地成熟了。

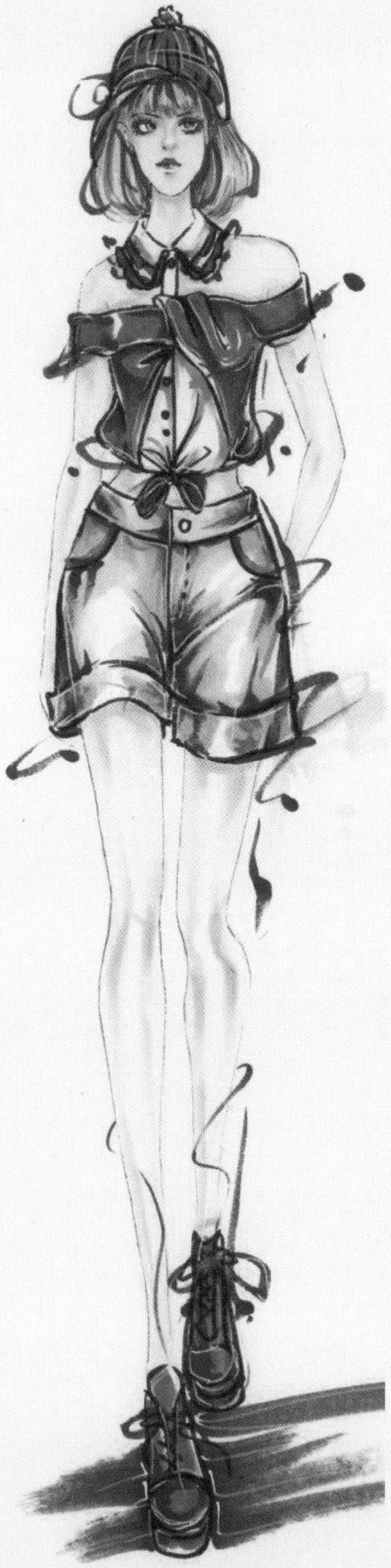

第二辑

省技能考第二名周静静作品赏析

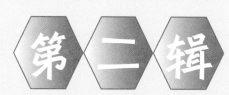

主题：蓝色的探戈

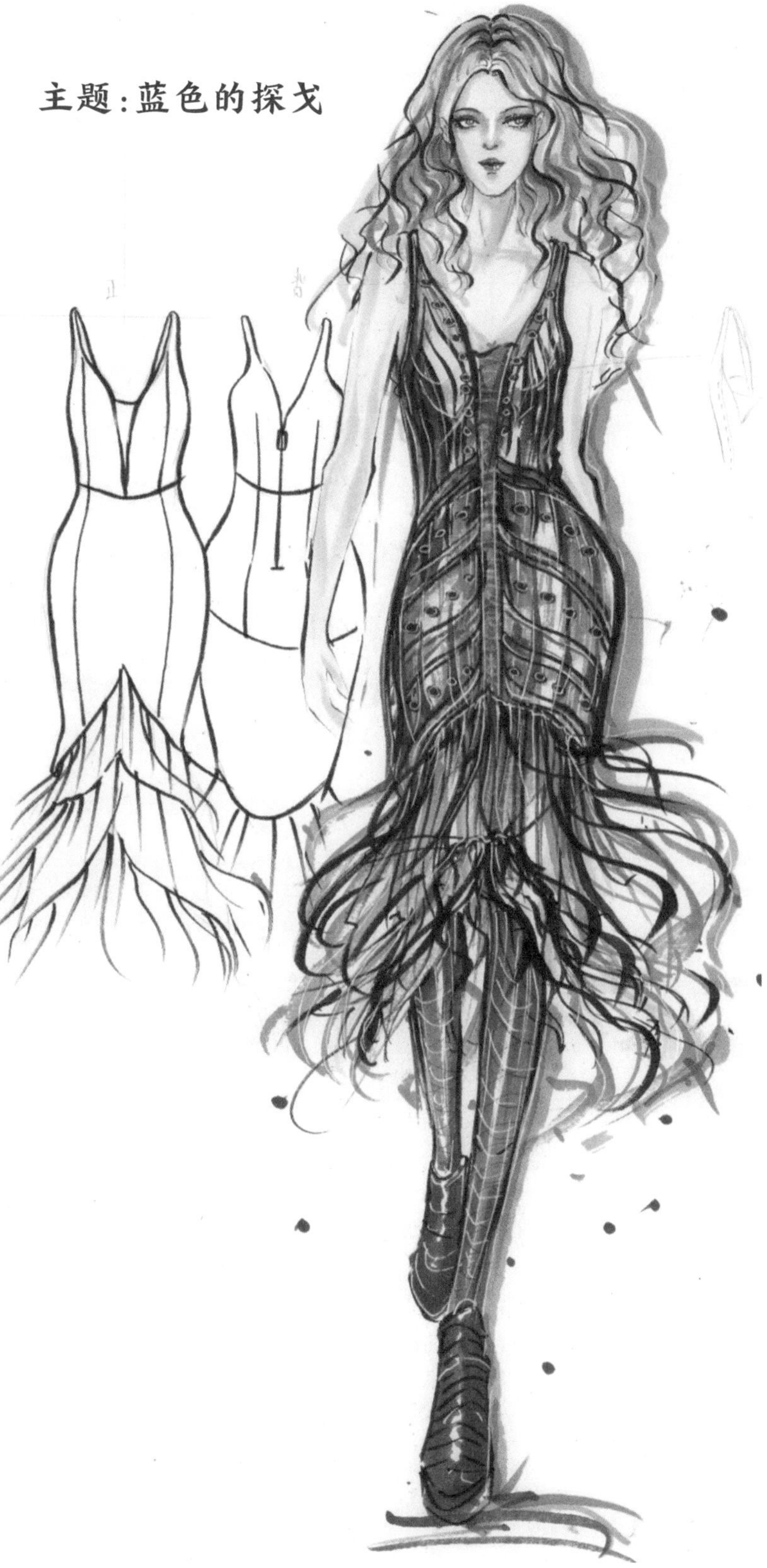

设计思路

蓝色的吊带皮裙，被挖了很多空洞，透出打底的红色内衣；下摆长条流苏，随着步伐摇动。

◆**教师点评**：这是一张作业图，当时还没有开始练习款式细节和设计说明。静静用笔比较自信，五官刻画得也比较细致，头发的勾线可以适当分点粗细，拉开点空间。

◆**教师点评**：上装的款式图虽然比较小，但是比例和谐；且质感表达也比较符合效果图。下装的裤子款式图过于硬朗，西装裤不是效果图的丝绒质感。

主题：秋野

设计思路

墨绿的青果领连着暗橙色的下摆，垂出层层波浪，顺滑的丝绒，宽松的款式，红绿对比通过降纯降明来达到和谐。豹纹的丝袜让整体有了点动静。

◆**教师点评**：裘皮类的绘制讲究四两拨千斤，画得越少，毛绒的蓬松却越好。所以裘皮在绘制的过程中往往要把握中间调子的刻画，而不是处处都画到。这张画面没有在肌理的表现方面取胜，但是在用笔的自信度上获得了高分，静静用最简单的硬头马克笔能出这个效果，已经很不错了。

主题：篝火

设计思路 熟褐色的皮革与黑皮相拼，火鸡毛染成了火焰的色彩，丝绒的狂野图案也凑上暗紫红的大调。蓬松与光滑，硬朗与柔软，带来丰富的手感。

◆**教师点评**：效果图中的上衣光泽感表现得很到位。款式图中，后片的省道没有起到任何作用，设计上有问题，裤子没有画出西裤的挺缝线，变成了运动裤型，与效果图展示的不符。

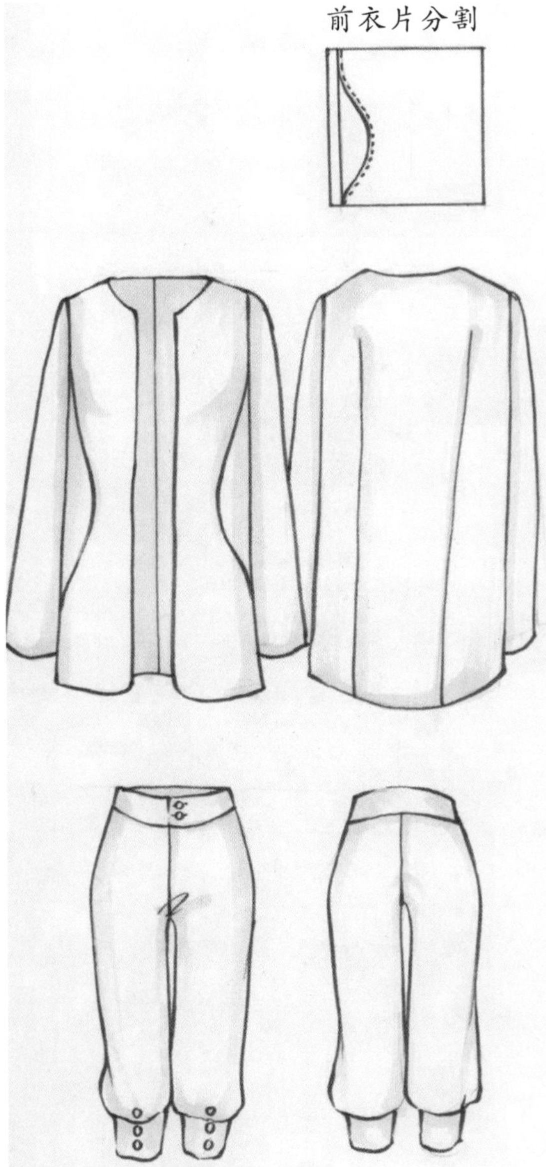

主题：意大利之夜

设计思路 将经典的意大利风格打破，将合体的西裤管挽起，将外套拉长，用发色的黄对比帽饰和镶边的蓝，打破深灰的沉闷，棉与丝、锦纶的混纺，配合精致的剪裁，合体又不失松量的三开身，让舒适感与垂感共存。

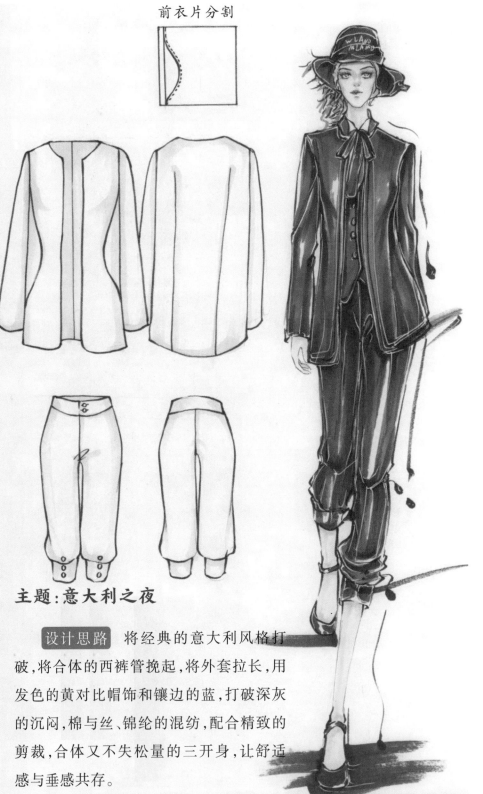

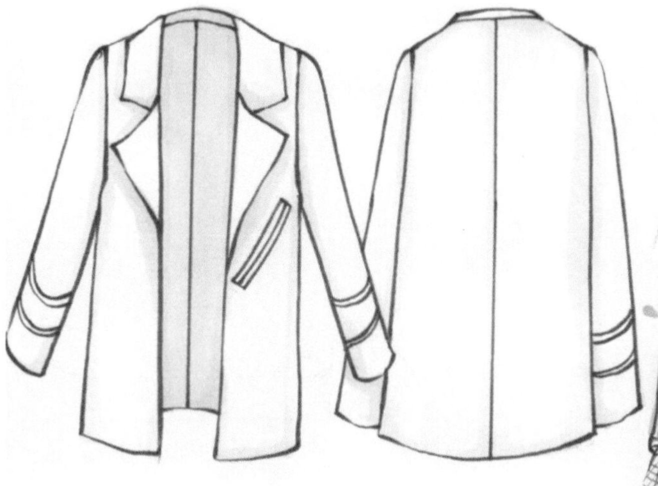

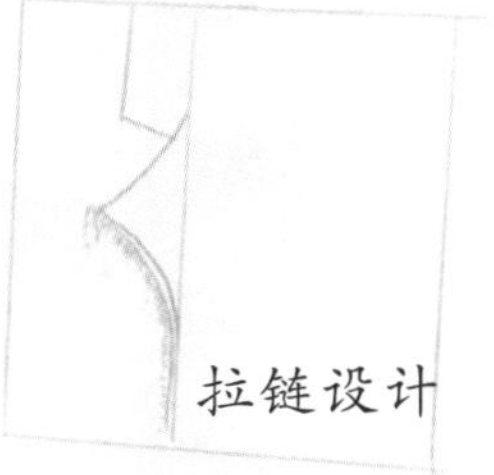

主题：度假

设计思路 蓝色的晴空，蓝色的浅海，是度假的理想天堂，文胸与短裙的材质采用提花织物上印花，局部勾勒出花的轮廓，再添加立体花和珠钻装饰，用繁复堆积出精致的高度。

◆**教师点评：**款式图中前片衣领的翻折线前后不能直接接上，驳头止点也不要关口。效果图中外套和内搭应该是不同的材质，所以最好在线条的粗细以及曲线的力道方面拉开差别，以便区分质地。因为款式图的外套线条硬朗，而效果图的外套太过柔软了，注意两者的相符度。

主题：峭壁的风景

设计思路 深V的连衣裙，领边装饰藤蔓般的立体小花，撞色的外套内外材质，让外翻的门襟格外抢眼，好在鞋子与发色的呼应，让赭石不再孤单。垂顺的丝绒裙子外搭薄型空气棉，外刚内柔的个性鲜明起来。

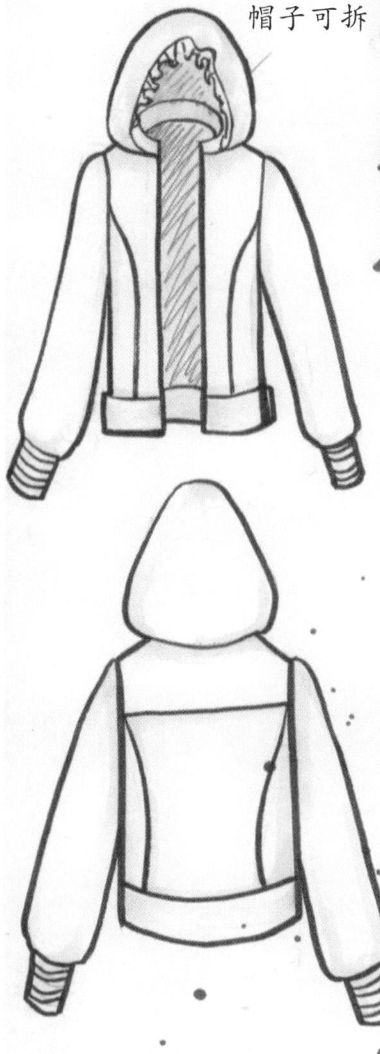

◆**教师点评：**效果图中的腹部衣纹有点乱，在领口表达比较丰富的情况下，腹部应该以简单处理为好，以便衬托上半身的丰富需求。款式图的料子像薄型的空气棉，而效果图的外套却像非常柔软的针织料。质地把控要留心。

主题：蓝鲸

设计思路 提取深海的蓝色，用重磅真丝演绎优雅，银丝刺绣与金边腰带系出万般妩媚，大小的波纹，泛起从深海向天空仰望的光源。V字领、落肩无袖、收腰微展摆，起伏出S形的美妙。

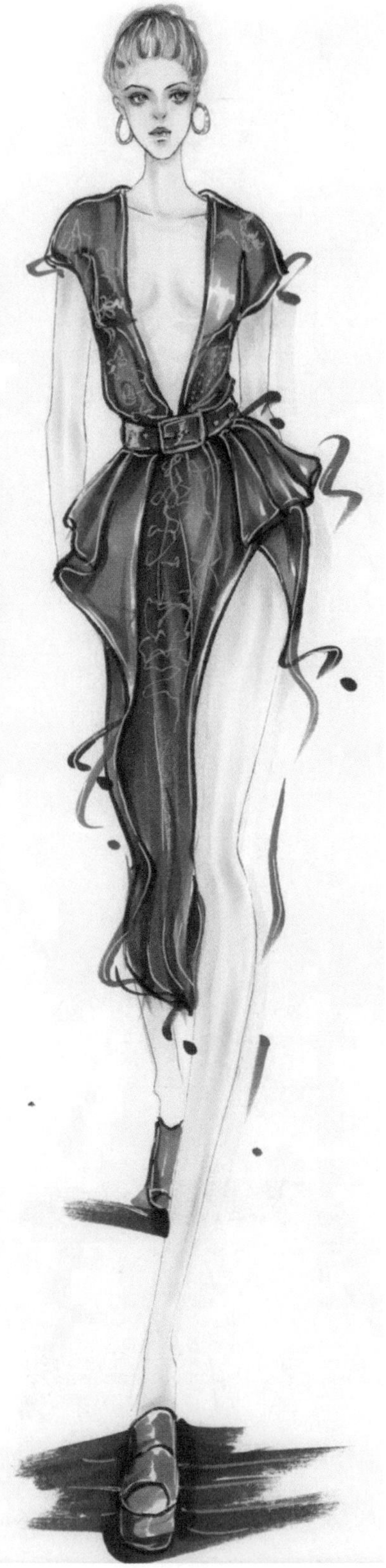

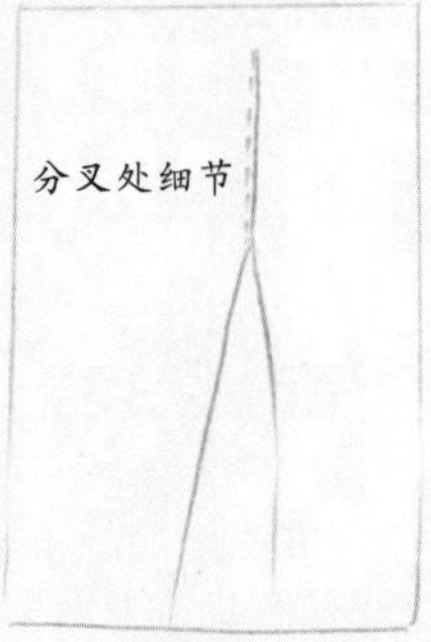

◆**教师点评：** 款式图的轮廓线和分割线最好分粗细。效果图整体的重量在左侧的时候，建议脚底的影子只画右侧，不要再画出左侧的阴影，这样重量可以平衡些。

主题：青春之歌

设计思路 简单的棉布通过不同的材质变幻出不同的肌理效果，上衣采用高支细平布，立裁拼接出小外套的精巧；斜纹全棉牛仔布，水洗磨砂出清新、爽朗的风格。

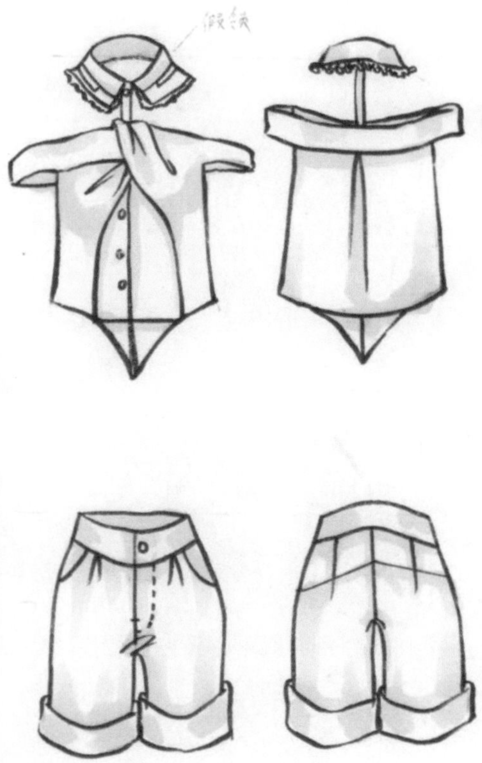

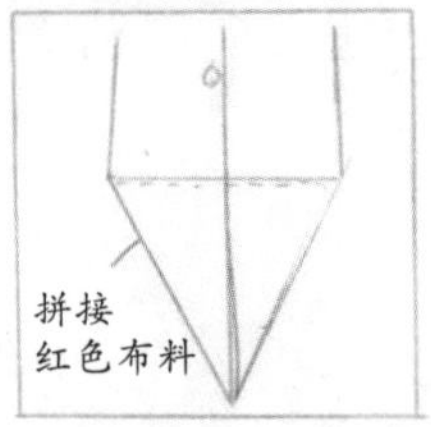

◆**教师点评：** 在腿部，肤色采用的是全逆光的表现手法。如果服装上也能用全逆光的方式来呼应，效果就更好了。

主题：制服改造一

设计思路 制服改造计划，将实现合体的收腰愿望、裙子的柔美感、绳带舞出活泼的动感。

纽带设计

教师点评： 这张作品动态比前一张好，手臂的配合也很自然。唯一不足的地方就是后片的款式图分割线没有很好地展示臂部造型，前片的分割片没有画出抽带这个视觉中心的效果。

主题：制服改造二

设计思路 简单的制服，加大袖口的蓬松量，收拢成灯笼袖，腰节接长成连衣短裙，系上圆头流苏腰带，你还能看得出原本的模样吗？

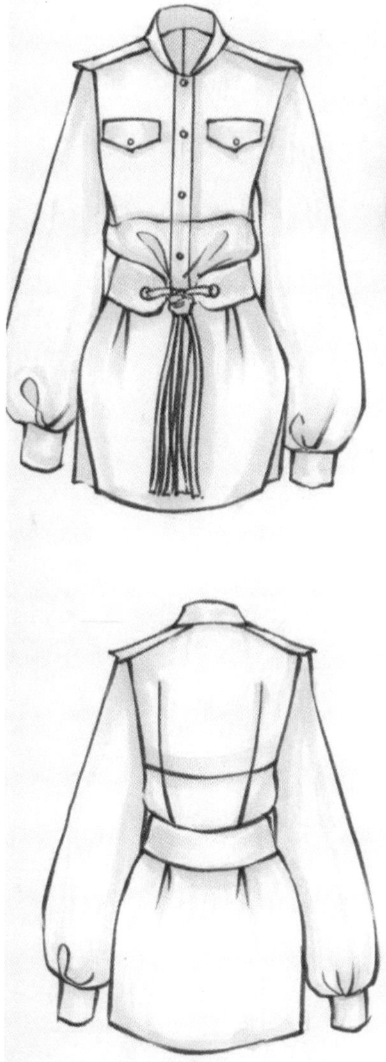

教师点评： 效果图中支撑腿的脚踝与脚背的过渡位置，结构有问题。款式图的后片省道建议不要像括号一样外弧，用反方向的效果可以使背面更加显瘦，也更显精神。

主题：赛车小迷妹

设计思路 紧身的皮裤，低腰地搭在髂前上棘，简单的T恤做了精致的分割，用裤子的颜色做了大小的拼接，关节的伸缩设计关系着人体工程学，搭配小皮鞋，一样精神饱满。

◆ **教师点评：** 款式图中上衣的肩宽与衣长的比例与效果图不符。效果图中，支撑腿的鞋面透视有点小问题，要留意。

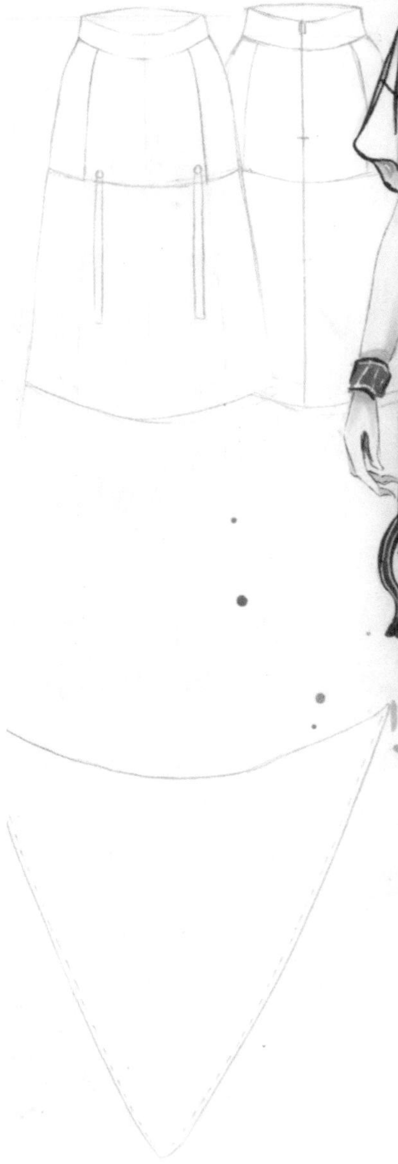

主题：夏令营

设计思路 低纯度的粉红，配合鲜红的鞋子，围上灰红的围巾，连同肤色，形成了层次丰富的同类色，黑白灰的无彩色格纹，与帽子、手镯和T恤上的图案呼应，淡淡的红色调柔柔地映入眼帘，一切都是如此地和谐。

◆ **教师点评：** 用格子面料表现起伏是难度系数最高的，但是静静表现得很不错。只是在靴子的刻画上，没有掌握胫骨下端、脚踝、脚背、鞋面高度等的转折关系，所以高光的布局不合适。

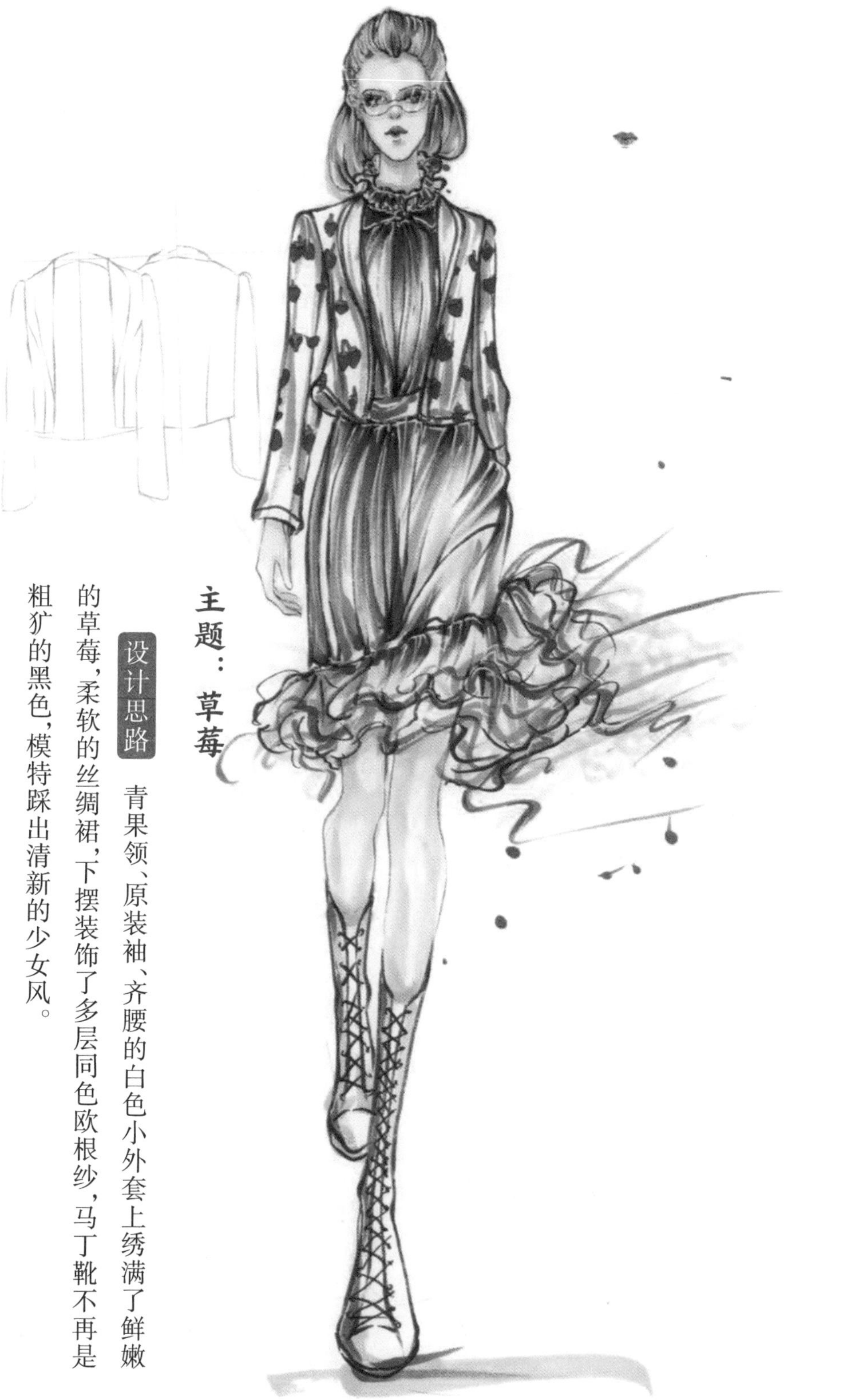

主题：草莓

设计思路 青果领、原装袖、齐腰的白色小外套上绣满了鲜嫩的草莓，柔软的丝绸裙，下摆装饰了多层同色欧根纱，马丁靴不再是粗犷的黑色，模特踩出清新的少女风。

教师点评： 后脚的鞋底厚度比前脚的鞋底厚度处理得要好点。下次构图的时候要把款式图的放置位置考虑进去，不能最后挤在一个小小的角落，要有整体的布局意识。

主题：寄居蟹

设计思路 精巧的白色立领衬衫，系上红色领结，搭配白色马甲，下穿黑绿格纹，一切都非常地素雅、紧俏，将红色大翻领的双面格纹呢外套衬托得特别鲜艳，人体也显得更加小巧，就像寄居蟹找到的庞大新贝壳。

教师点评： 这是静静早期的作品，线条还未能分粗细，前后空间感不强，手臂上、腿上的高光布局都有问题，但是她对款式图认真的态度值得肯定。

主题：初春的爬山虎

设计思路 寒冷的冬季刚刚过去，万物零星地冒着嫩芽，爬山虎已经迫不及待地向上攀登，小嫩叶红红的、稀稀的，像烟花般绽放在枝头。吊染的蓝色牛仔，如水彩撒盐一般露出星星白点。雪纺的层纱在胯部围出臀部的独特造型，让腰显得更细，让肩感觉更窄。

教师点评： 这款服装细节很多，所以在大裤腿表现的时候，后腿尽可能地减少描绘的笔触，适当有一两根线意思一下就可以了，勾得越多越拖后腿。脚底的阴影也是拉整体重心的好工具，所以在应用的时候要精用。款式图中裤子的折痕尽量用稍淡一点的灰色来勾勒，就不会与轮廓线相冲突了。

教师点评： 画面虽然很丰富，但是有点杂乱，透明质地的重叠部位的灰色表现得很不错。腿的两侧颜色可以再深些，款式图可以再小些，这样布局会更美观。结构分析尚有不足，后片的两个省道没有起作用。

主题：春的踢踏舞

设计思路 不对称的袖子，断开的袖山，模仿透明且柔软的材质，局部相拼裤料，轻松、随意，犹如春日的踢踏舞。

主题：流光溢彩

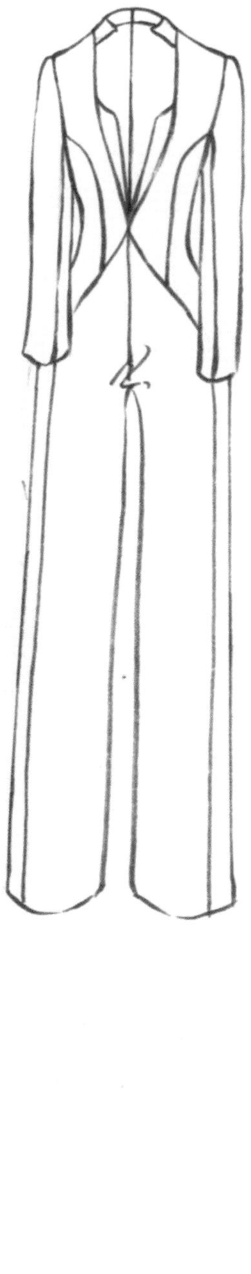

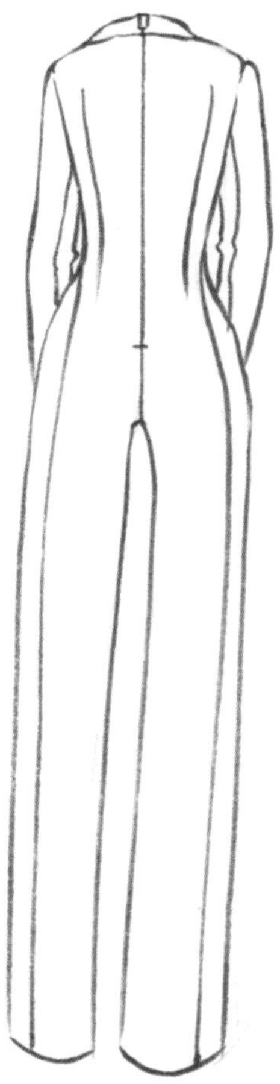

设计思路 翡翠的绿带给我们无限的遐想，运用经纬纱的差异色织成的变色龙带给我们翡翠般的视觉享受。合体的连体装，丰富在上半身的简约分割，在深V领处设置唯一的邻近色，带来强烈的视觉冲击，牢牢锁住视觉中心。

◆**教师点评：** 头发的远处不要用黑线勾勒，直接用发色逐渐消失就可以了。根据款式图来看，髋部的斜线是分割，而不是重叠，所以效果图上不要画太重的颜色在这个分割线的下方，以免让人误会。款式图后背的省道线，起止位置欠考虑。

主题：洛丽塔的夏日

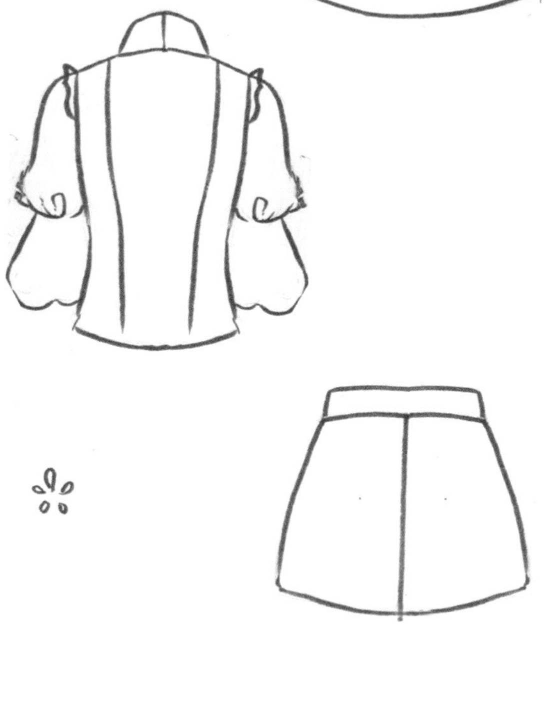

设计思路 花边和小碎花是洛丽塔风格的主要特征。高耸的立翻领，七分的灯笼袖，腰部蓬松后又被绣着金色图案的牛仔裙收紧，轻轻地搭在髂前上棘，裸色的高支棉细平布满绣耐读的小碎花，与发饰的完美呼应，浪漫、可爱的洛丽塔风格尽显。

◆**教师点评：** 分割线用细线会更好。上衣要塞进裤腰里，且腰部有向外凸出的量，所以衣长的量要重点考虑。此时衣长要和肩宽去做比较。一般情况下，臀腰差要么用育克分割的形式，要么用省道或褶裥的形式，抑或用弹力面料来实现，除非裙子短到臀围线，否则不要省略。

主题：工作也疯狂

设计思路 累死你的不是你的工作，而是你的工作方法。不是因为工作的单调、乏味、枯燥，而是你没有为它准备美好的心情。简单的工作装穿在身，把头发打散，将脚步轻起来，动感的裙摆会跟随你的摇摆，动感的直条纹会画出无限的波浪来。

◆**教师点评**：头发的黑线和服装上的黑线有抢镜头的嫌疑。腿部不要用黑色勾线，可以使服装更加明显、突出。款式图上褶皱的细节要关注一下。

主题：青春校园

设计思路 深蓝与浅蓝带来同类色的素雅与朴素之美，隐约的条纹让视线延长，内搭降纯后的暖橙色，让蓝色系活泼起来。

◆**教师点评**：效果图中裙摆的线条画得很漂亮，中间实两头虚。不过裙子上的裆底不要过于强化，让裙子简单些。这样衣服上的细节就能引起观者的注意力了。下次款式图要用墨线勾勒一下。

主题：寻找自由

设计思路 简单的白T恤，画上我的标语，蓝色的牛仔裤释放膝盖的自由，取下发箍，我要寻找我的自由。

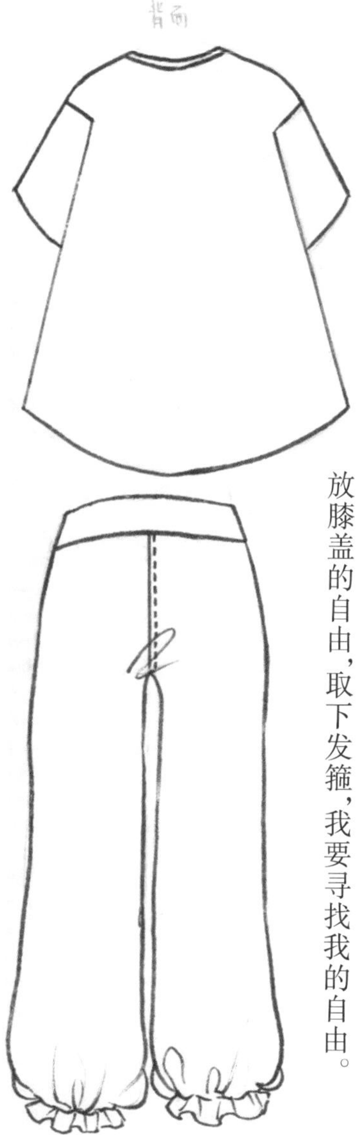

教师点评： 整套服装都是冷色调，肤色也跟着偏冷，效果不错；膝盖旁边，裤腿的内侧，颜色可以再深一点。款式图脚口的抽皱在效果图中却没有表示。

主题：秋日夕阳

设计思路 火红的夕阳照射大地，万物都闪着红彤彤的光芒，枝头的小果实也愈加令人垂涎。真丝数码印刷，图案鲜明，光泽如珠，手感糯滑。皮革上装饰长短不一的火鸡毛，模特走动时犹如脚踩祥云，动感十足。

教师点评： 款式图的材质不像丝绸，如果立体效果不好表达，可以用制版的方式来画二维款式图。

◆ **教师点评：** 这是静静画得比较平面的早期作品。其关注了线条的粗细，但是对于人体的起伏关系却忘记了，所以胸部的隆起只有左胸，裙子的两侧没有从前往后的关系，后腿的胫骨与膝盖之间的关系不够准确。裙子不用画成被拎起的效果，可以直接绘制成放下的效果。

北面款式图

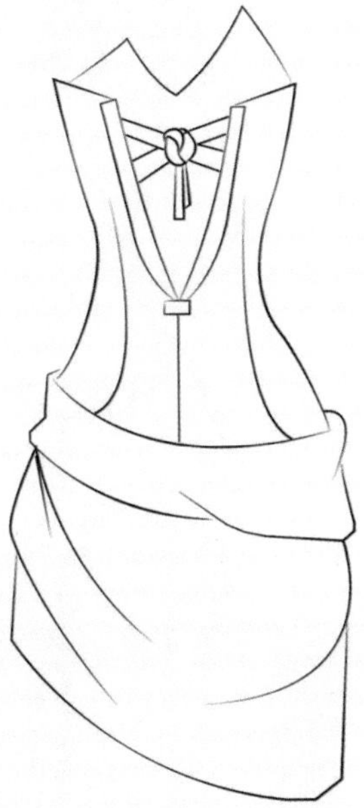

主题：模仿成熟

设计思路 抹胸、超短裙都是成人的符号。稚嫩的身体，偷穿成人的礼服，还可以自信地挽起裙摆，不对称的下摆充满创意，拎上同色小包，老成的赭石被穿出了异样的美。

主题：鄂伦之春

设计思路 层叠的塔裙，密密地抽皱出温暖的色彩，同色系的裘皮加同色系的雕花皮革，用红珊瑚珠串联，异域之美摄人心魂。

◆ **教师点评：** 效果图的腰节有点偏长了。色彩和肌理都没问题，就是没有放开来的地方，略显紧。

细节图

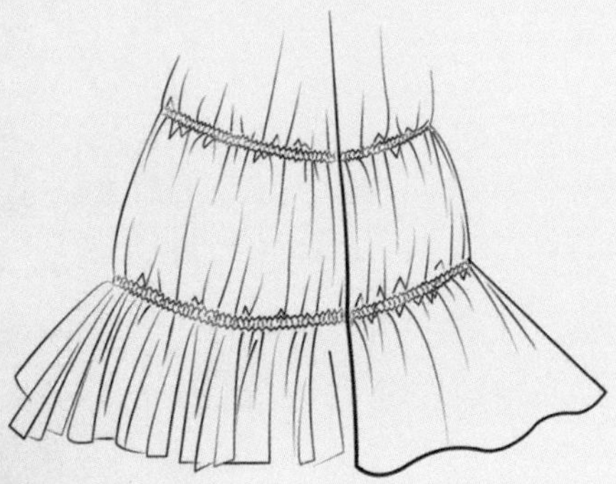

细节图

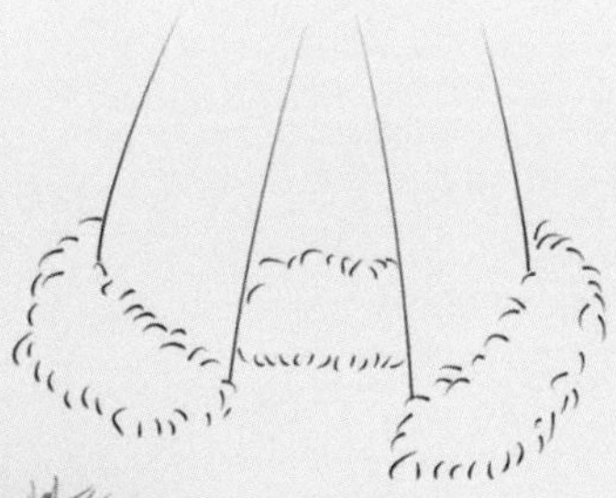

主题：想要长大

教师点评：效果图的右下角有犹豫的迹象，马克笔绘制最忌讳的就是落笔的犹豫不决。

设计思路　每个女孩心中都有一个公主梦，希望自己有大波浪的金发，戴着闪耀的皇冠，穿着真丝的睡衣、性感的网袜，披着豪华的外套，却忘记换一双水晶鞋。

主题：草原上的舞蹈

教师点评：款式图后片的拉链要裁开到底，后裙摆的高度与前片及效果图中的裙摆都不符。这个阶段训练对于『破』这个概念的应用，静静还没有完全地理解，所以应用不理想。

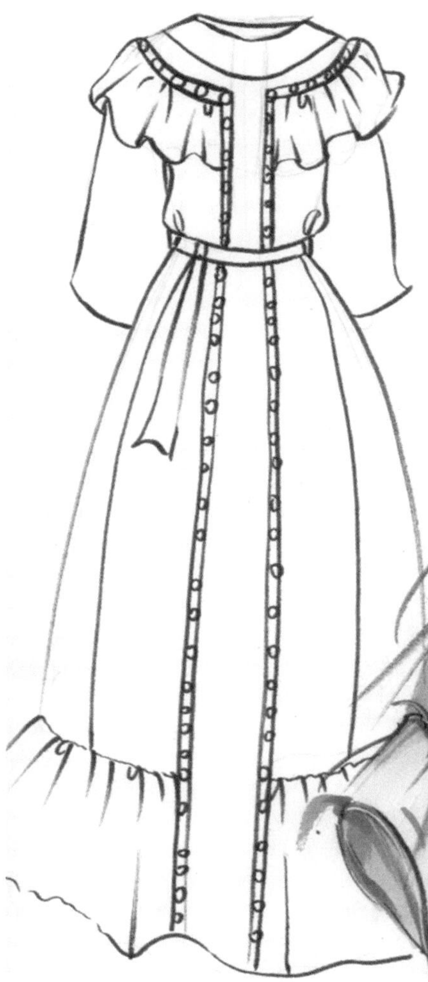

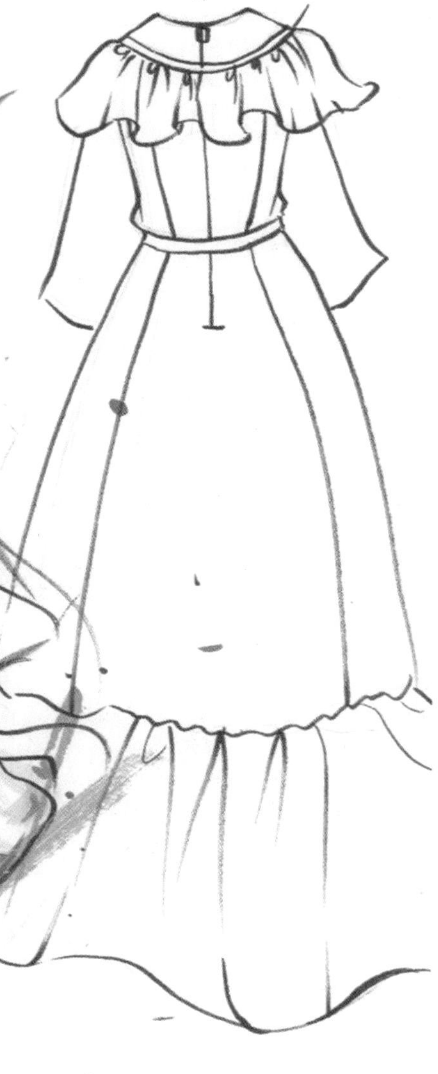

设计思路　秋日的草原，逐渐显露出枯黄，碧蓝的天空依然高远，满绣红珊瑚的领口衬托着美丽的草原上那鲜花般的脸庞，衣带飘飘，舞出对美的向往。

教师点评： 绿意不同，主次区分，简化的脸谱元素应用得很好。

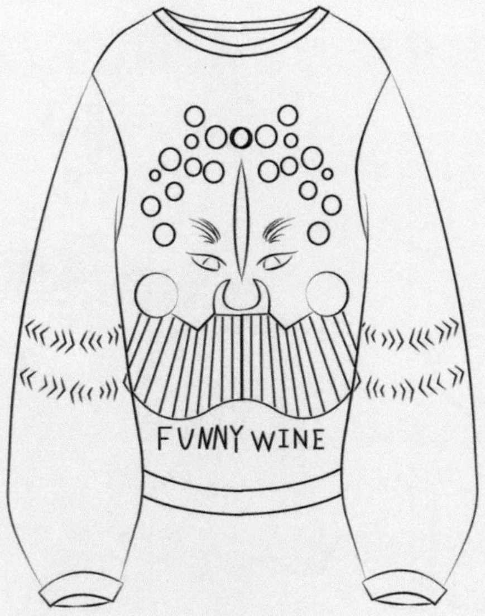

袖口设计

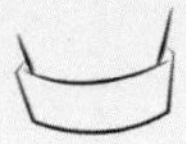

主题：京韵

设计思路 身着青春的运动套装，心爱着国粹京剧，将所爱放心头用来标榜，这就是年轻的标志。中裤配网袜，下搭马丁靴，年轻的装扮从来都不需要解释。

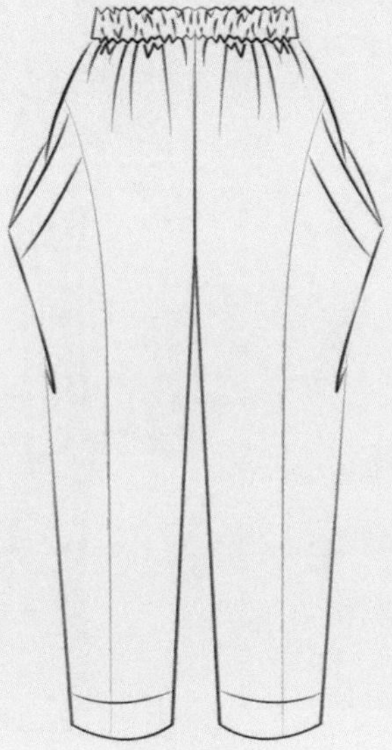

主题：小城故事

设计思路 简单的面料，简单的颜色，简单的夹克与牛仔裤，唯一变化的就是图案，把每个身边的故事都画在身上，成为记忆的一部分。

教师点评： 男人体的比例是静静最大的弱点，所以整个效果图显示的都是柔弱的味道。肩再宽些会更好看。

这是一张日常应试作品，款式图大部分都还没来得及收拾，时间分配要重新规划。

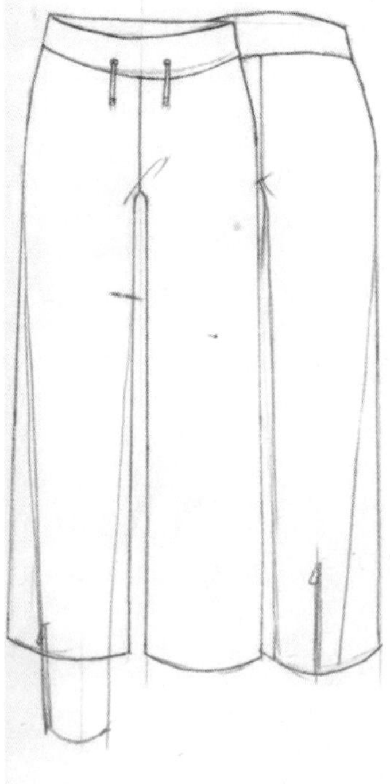

第三辑

省技能考第三名郦瑯鸳作品赏析

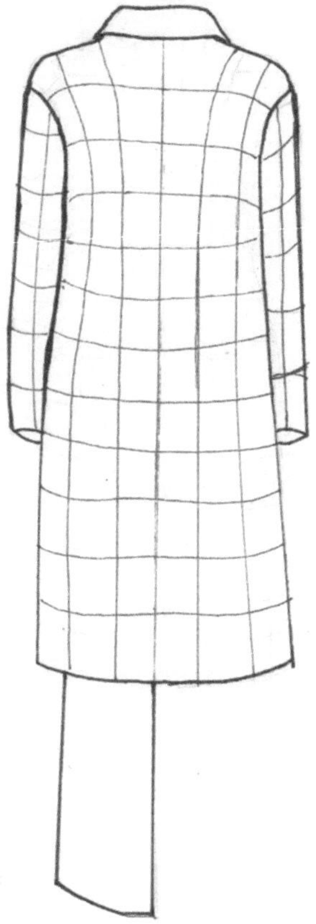

主题：曲意未尽

设计思路 曲终人散，意尚存；人离舞台，思绪留；戏装已褪去，步依然。热爱艺术的人心里始终有春天。嫩芽绿配上嫩枝红，简单的格纹带来落落大方的美感。成熟稳重的灰用靓丽的中黄引导着完美的人体曲线，如此的宁静被一袭头纱打破，曼妙的舞步与纱同舞。

◆**教师点评**：效果图中，门襟比侧缝更靠前，所以线条要前粗后细；模特额头与发际线相交的部位适当增重肤色，一来可以过渡；二来可以表达头发投射在额头上的阴影。款式图中，将纱质围巾拼接在领子上，可以垂着，也可以围在颈部，设计得非常巧妙，只是颜色稍微有点突兀，如果不是因为有外套的里子布和鞋子的呼应，围巾和外套的颜色不是很搭。外套的下摆处，里子布下端应该有面料翻上来的贴边量，这个不能出错。款式图的臀围线以下部位的格纹应该像制图一样，中间平、两边起翘。

背面款式图

主题：野

设计思路 盛夏的绿带来森林的气息，豹纹的局部幻想出潜伏的猛兽，相同的豹纹图案，麂皮绒和雪纺的不同质地相拼，动静结合，干练中透着狂野的暗示。

◆**教师点评**：款式的设计中可以找点巧妙的功能，例如把两片雪纺的豹纹面料做成上衣下摆的可脱卸式组合块，把雪纺略透的感觉画出来，就会让作品更具耐读性。上衣颜色不填满的效果不错，模特的左袖上色还是有犹豫的迹象，要避免。款式图的肩斜度不足，横开领过大，感觉就像童装。刀背分割线不美观，工艺缝制的难度系数也过高。

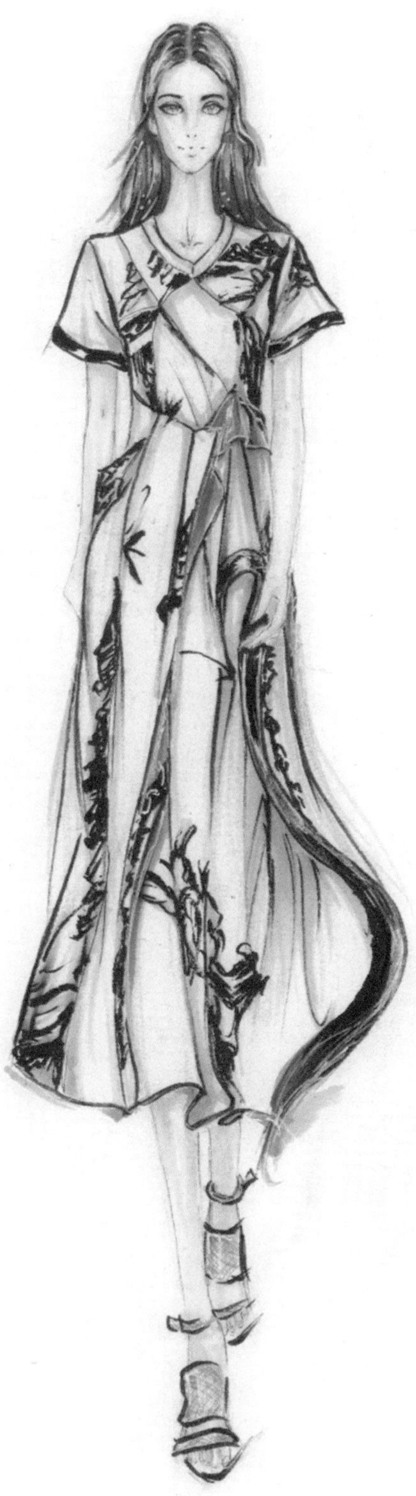

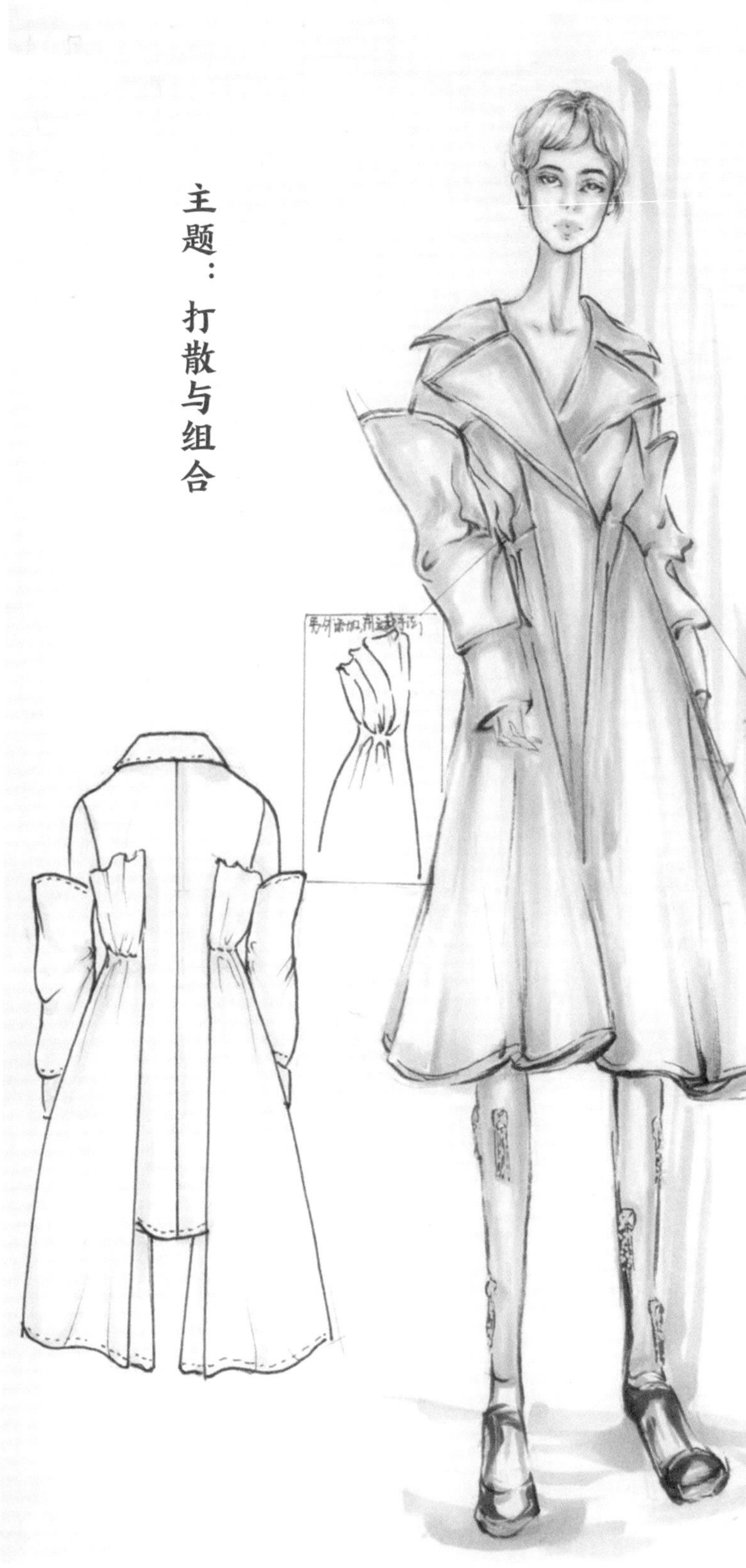

主题：打散与组合

设计思路　上半件，夸张的大驳领，合体的原装袖，本是严谨的款式；下半件宽松的袖子，展开的大A摆，本是慵懒的少女装。风格迥异的两款，从胸围线开始重合、嵌套，到腰围线结束，有一种美从慵懒中重生。双面绒良好的造型能力，它让两种味道轻松实现。

◆教师点评：款式图中，前片的领座量非常小，但是后片的领座量相当大；且后片上看不到前片中的领角，前后无法自圆其说。

主题：纯真

设计思路　阳刚的男士外套和阳刚的格纹衬衫，被改造成了吊带衫，没有显腰也能带来无限遐想。无心的色彩搭配，却让明黄统领色调，带出随心的自由感。

◆教师点评：款式图中，后视图的设想，要从现有的前片造型出发，不能为了方便自由设想，目前的后片设计和前片无法完整衔接，要重新定夺。

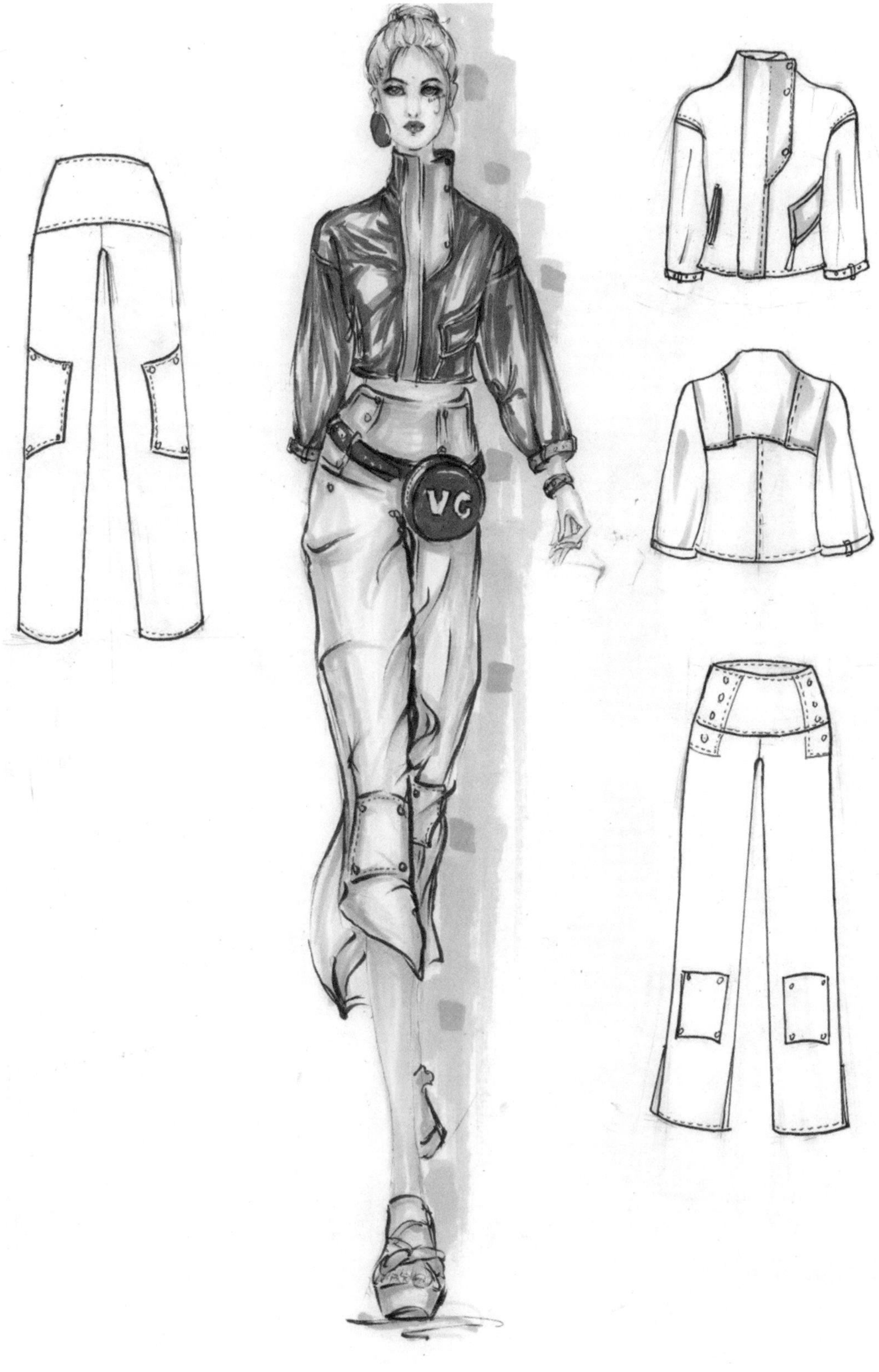
VC

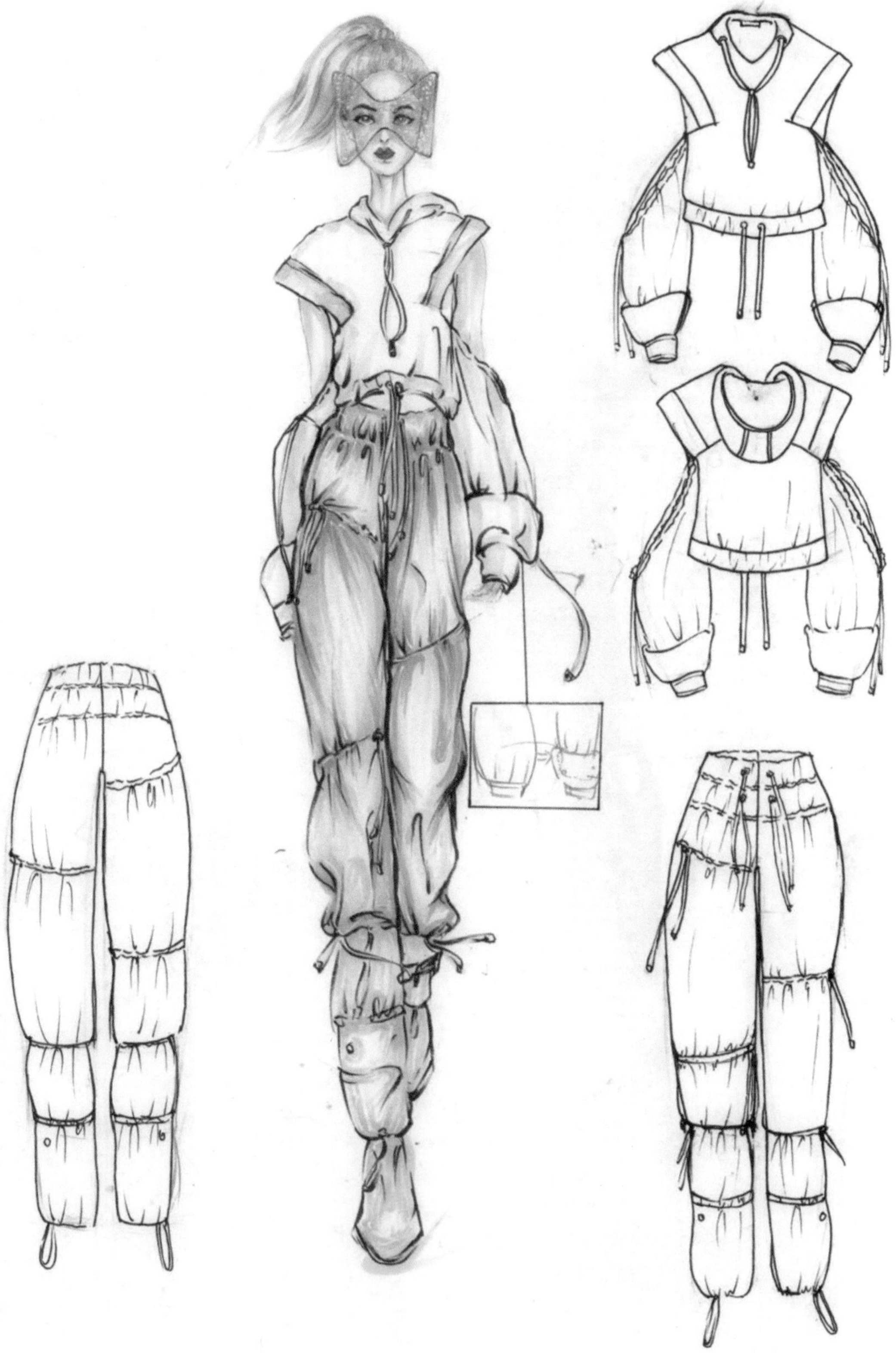

第四辑

省技能考第十一名任佳玉作品赏析

◆**教师点评：**外套款式图的领子和前片的领子不相符。如果版面不允许放置如此大的款式图，也可以画半件外套和半件内搭组合的形式出现。

主题：黛色霜青

设计思路

斜纹锦棉经过拉绒处理，表面浮现似光非光的奇妙质感，柔软又不失悬垂，兼具穿着的舒适感和观者的审美需求。内搭的抹胸小短裙在臀围线上增加了波浪的量，不光内衣外穿时婀娜多姿，而且在搭配外套的时候，增加臀围的宽度，使形体更加趋于完美。同时，敞开穿着时又能与外套的波浪形成造型上的呼应，还从比例上让外套形成黄金分割比。

◆**教师点评：**佳玉对线条的粗细浓淡的运用已经开始熟练，五官再精致一些就更好了。

主题：桃花源

设计思路

年龄：18—27岁。

面料：上衣以珊瑚绒为主，领子、口袋、袖口加以皮草，并且可拆卸；裙子由丝质面料制成。

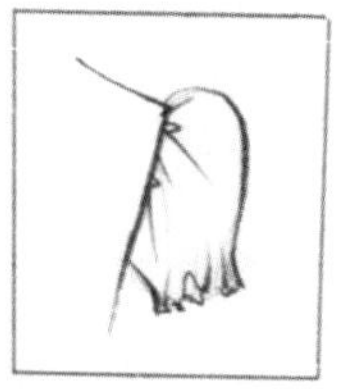

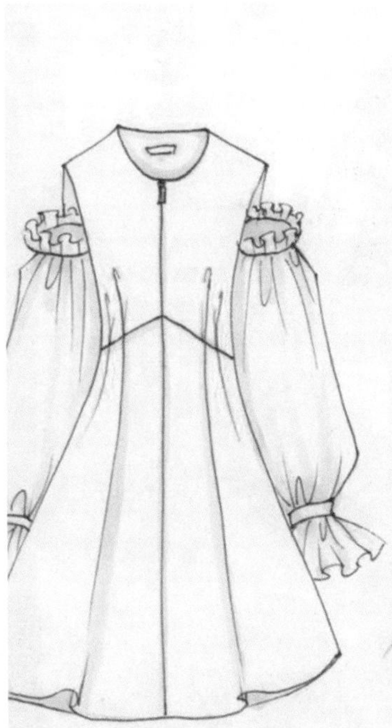

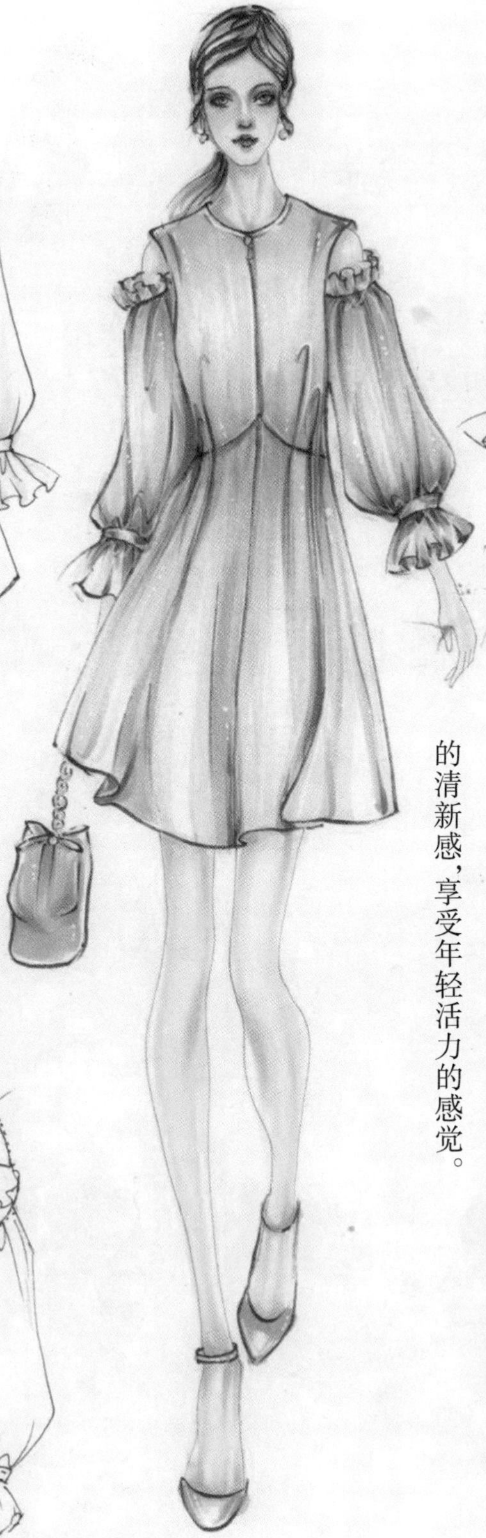

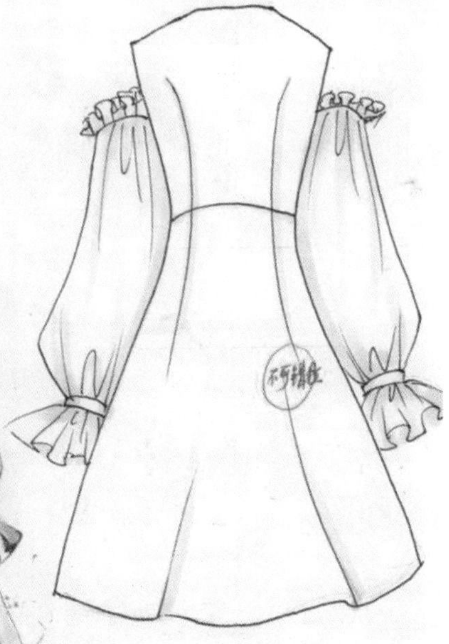

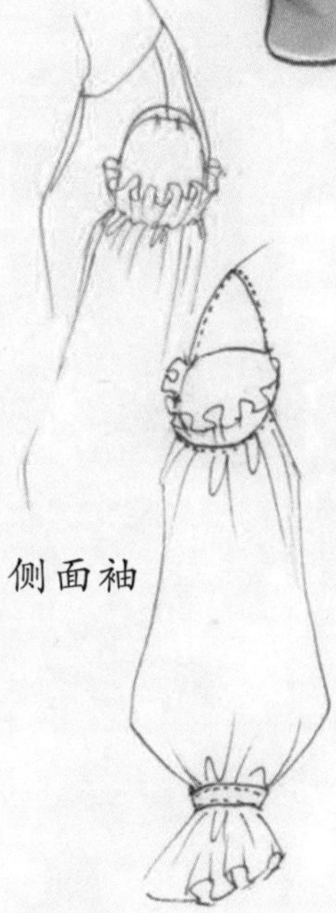
侧面袖

主题：如酥

设计思路 年龄：18—27岁。
面料：毛呢、花呢。
场合：聚会、酒会、逛街。
风格：休闲。
意境：天街小雨润如酥，草色遥看近却无。扑面而来的清新感，享受年轻活力的感觉。

◆**教师点评：**效果图上，前片有两对开花省，而款式图上只有一对。款式图上，后片的省太长，衣纹线的指向要有目的性，不可上下岔开。

主题：夜空中最亮的星

设计思路 利用灰色体现大气之感，配以白色与金色更显精致。将白色与金色当成星月，灰色为夜幕。

◆**教师点评：**款式图中，裙子的臀腰差量实在太小，固定性能弱。正、背面款式图的大小最好一致，或者前大后小，会感觉更合适。

主题：燚

设计思路 以酒红色为主体，配以咖色的条纹，给人活泼优雅的感觉。以X形的廓形，充满少女的浪漫气息，配以条纹和双排扣，显示了学生时代的青春与活力。而下边的层层波浪，将服装的华丽感展现得淋漓尽致。

教师点评： 这张图最大的难度集中在格纹的表达上，佳玉把格纹交界的黑点做了深浅的区别，效果不错。只是手指的比例着实欠缺，要补上这一块内容。

主题：兼职

设计思路 工装的袖子上多了一层短袖，似双层袖子在呼应着双层领的造型。被简短的裤腿里伸出来柔纱的喇叭裤，宽大的围巾被系在了腰间。这种混搭风，就像是内心反叛的呐喊，不墨守常规，才是少年该有的“初生牛犊不怕虎”的气势。

教师点评： 色彩的搭配虽是邻近色，但是因为没有呼应的地方，所以显得有点孤立。裤腰带的宽窄要前后统一。

◆教师点评：款式图的目的是使服装更接近真实的感觉。款式图中裤子的膝盖部位造型怪异，建议去除；且臀腰造型有点僵硬，要提高此位的审美高度。

主题：紫气东来

设计思路 以紫色为主色，体现高贵、性感的感觉，用黄色点缀，不嫌沉闷。

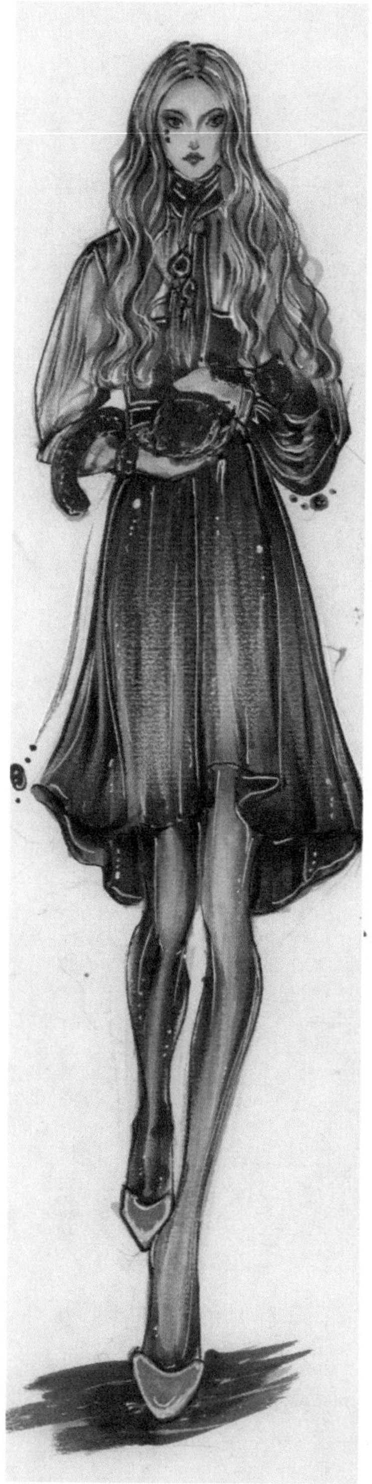

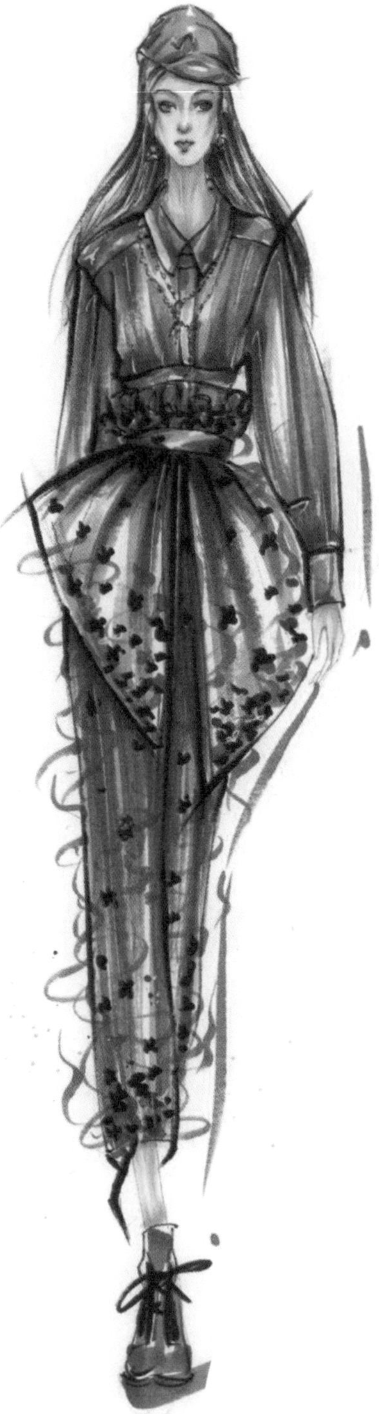

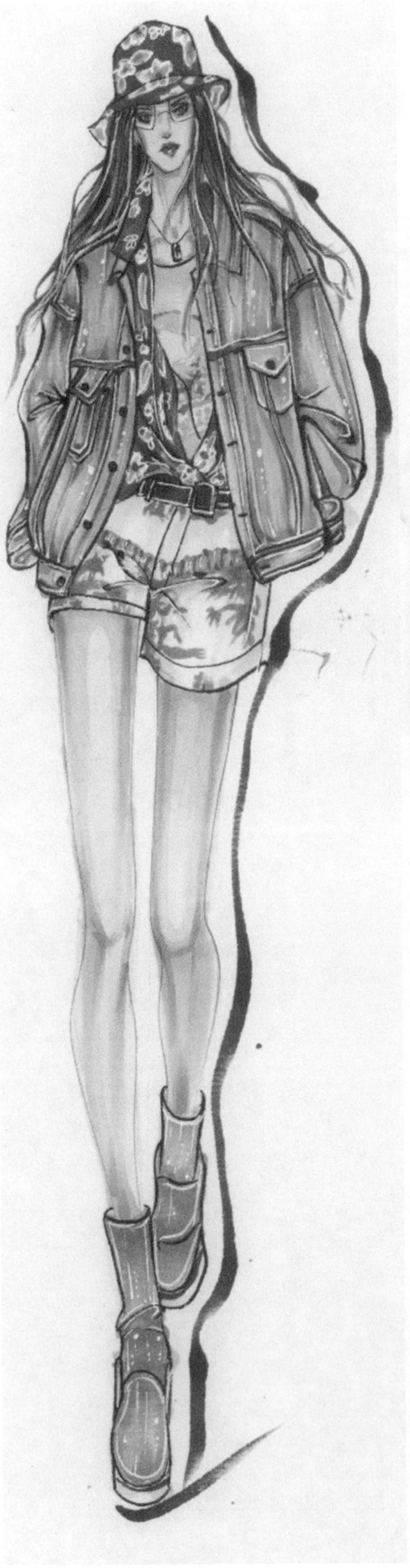

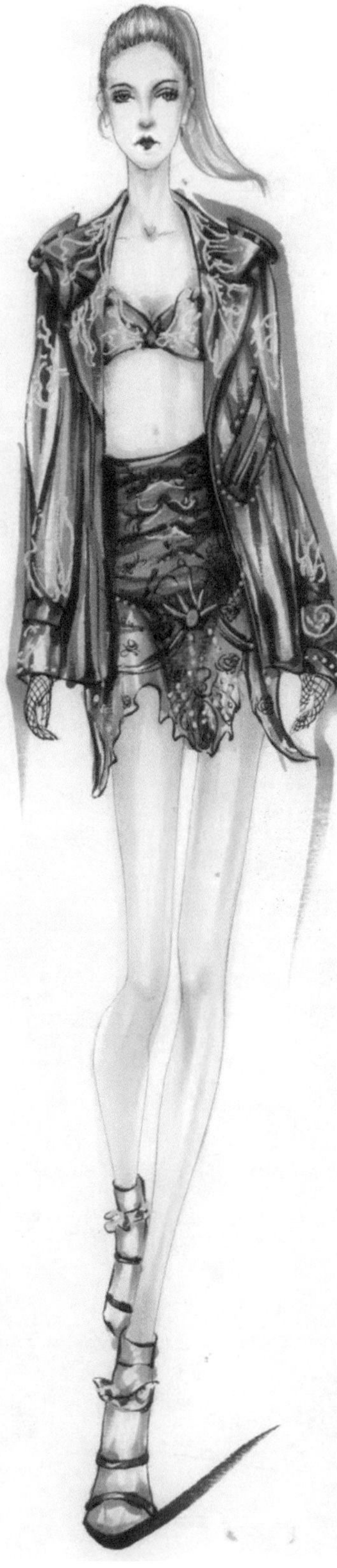

第五辑

省技能考第十五名诸颖婕作品赏析

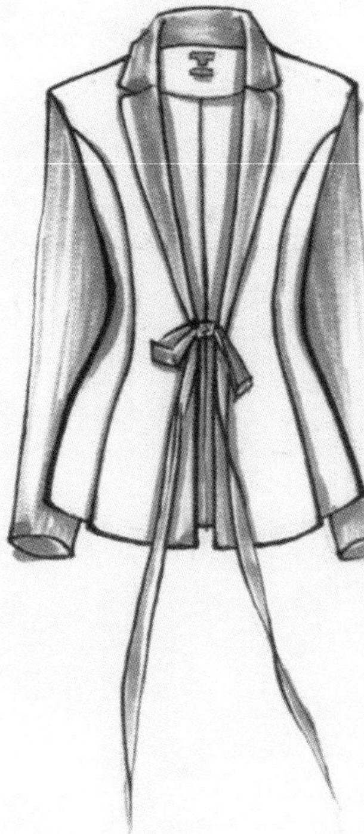

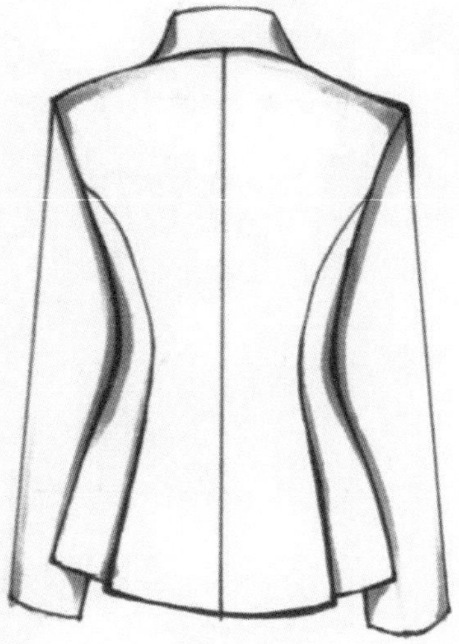

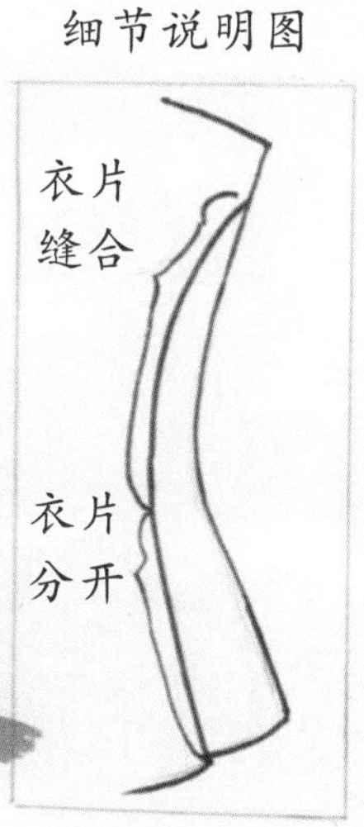

主题：寒夜

设计思路 夜幕下的窗台植被，枯黄着挣扎出生命的顽强，夜空中星星点点雪花飘舞，时尚没有冬季，却寒在心头。包芯纱与烂花绣的双重组合，让内搭柔软、舒适，黑皮刺绣外套和黑色硬纱裙组合，让造型干脆、利落，寒光四射。

◆**教师点评**：冷酷的装束和忧郁的眼神非常搭，款式图中看到了诸颖婕对结构细节的关注。

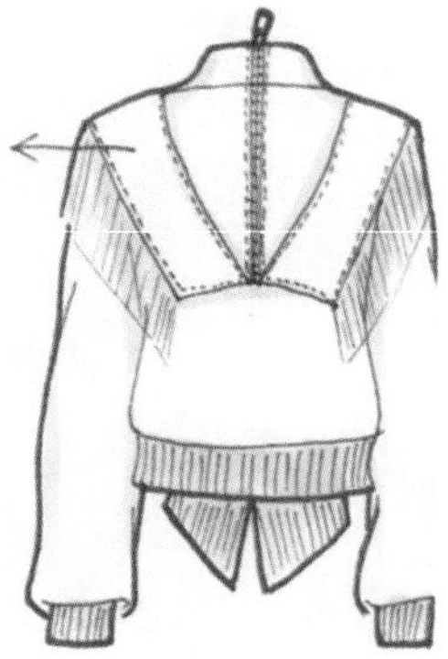

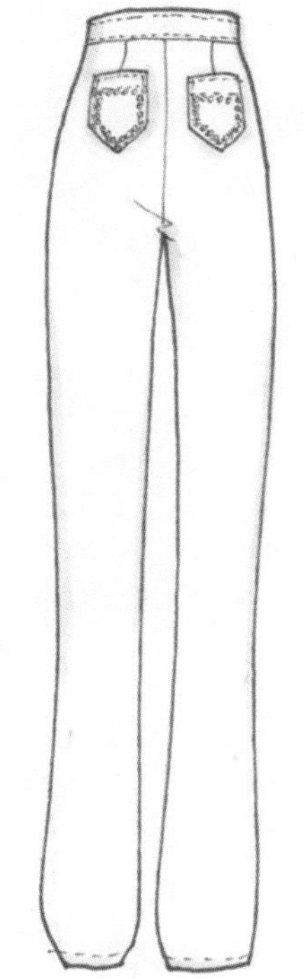

主题：潜水幻境

设计思路 同色异质的小外套，有鱼纹式的衍缝，有鱼鳍状的流苏，有波浪般透明的薄纱，有泛着光泽的皮革，有温暖的针织，有闪亮的珠钻，质地非常丰富，视觉中心突出。简单的牛仔裤是和谐的呼应者，也是不错的背景衬托者。

◆**教师点评**：效果图中，模特头发的近实远虚的效果没有出来，裤子的高光放得比较靠边，使腿部显瘦了不少。款式图后裤片的口袋比例不对。前后片的裤脚口明辑线的宽窄要一致。

主题：池上

设计思路 小娃撑小船，偷采白莲回。不解藏踪迹，浮萍一道开。粗条的黑色灯芯绒，仿佛水底的黑色波纹，未来感十足的七彩反光化纤，用简洁的男式夹克版型来塑造，配合高筒袜和运动鞋，帅气的『假小子』迎面走来。

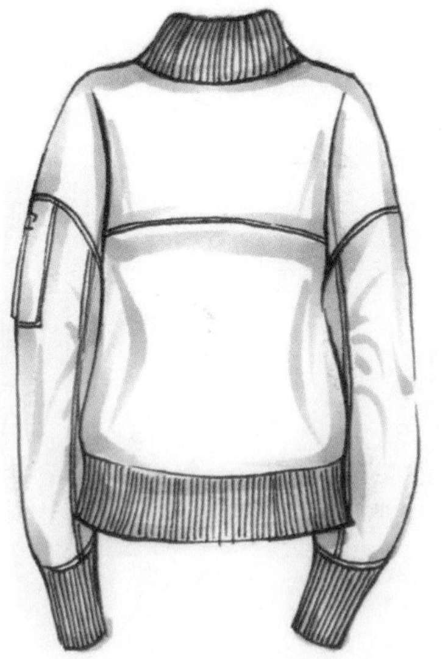

◆**教师点评**：背景的肌理做得不错，裤子条纹因为褶皱出现偏差的效果很到位。袖子上带有动感的线条和星星点点的感觉很有氛围的塑造效果，荷叶般的小包很入调。上衣的光泽感塑造也很不错。

主题：涂鸦

设计思路 蓝绿色的牛仔底子上带着灰，磨砂与水洗增加了岁月的沉淀美，斑驳的涂鸦看似漫不经心，实则用心用情，重心的把是使设计的重点。粗犷的肌理、粗糙的图案、粗放的色彩与整体风格和谐一致。

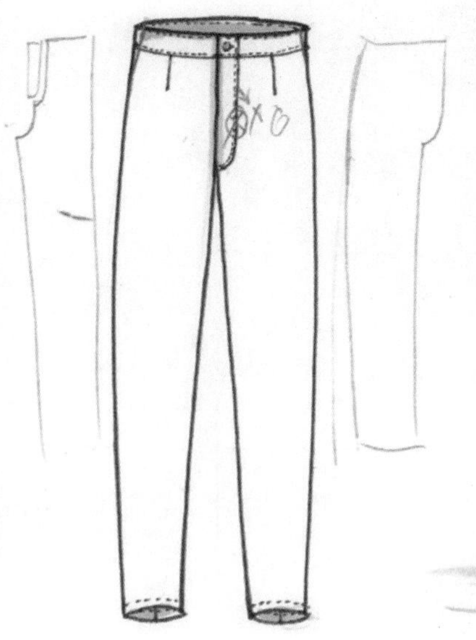

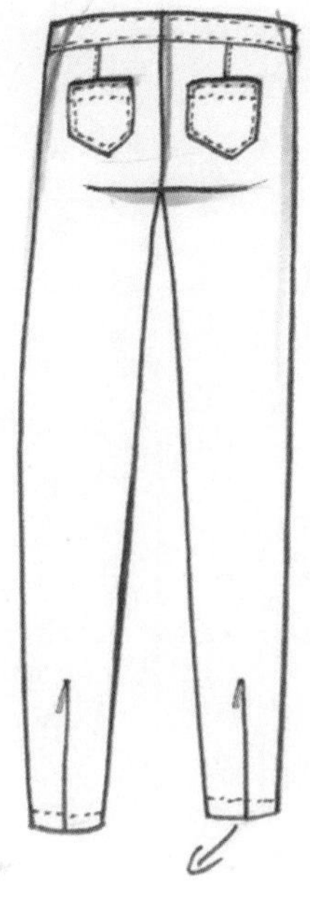

◆**教师点评**：色彩的质感很有味道。款式图中，领子的宽窄要注意，门襟上的明辑线不能画成实线，否则就是裁片切割后再作拼合的效果了。另外，男裤也要有臀腰差。

主题：出逃的公主

设计思路 精致的发型，细腻的外套图案，虽然脚踩松糕鞋，故作低调的黑色，但柔软的丝质外套，硬挺的真丝欧根纱吊带裙，都难掩富贵的本质。

教师点评： 最应该表扬的就是诸颖婕在最后阶段用粗犷的方头马克笔画了左右的轮廓叠压线条，用最豪放的背景衬托细腻的视觉重心。

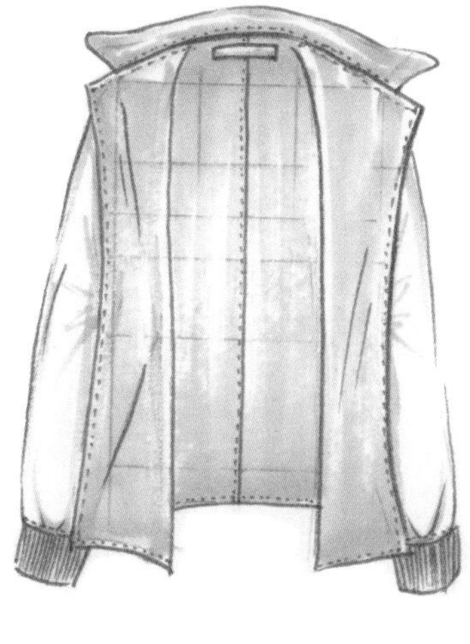

主题：秋游

设计思路 橄榄绿色的长款针织衫，搭配黑色灯芯绒长裤，披着黑色的牛仔外套，本是最自然的年轻套装，被一根胸下围的系扎的刺绣腰带配上潮流的顶端袖子上随意装饰的袢带，加上裤子上条状装饰，增加了线的呼应。手捧秋游的收获，暖暖的秋意浓浓。

教师点评： 既然提到了裤子，就应该把裤子款式图也画出来。

◆**教师点评**：抽皱意味着裙子的边缘线要就此打开，款式图中的下摆抽皱量没有达到效果图展示的量，所以两者不能很好地衔接。裙子后片既然装拉链，就要分割到底。为了烘托画面气氛，模特周边游走的线条很美。细节图可以选择领圈上的装饰来详细解说。

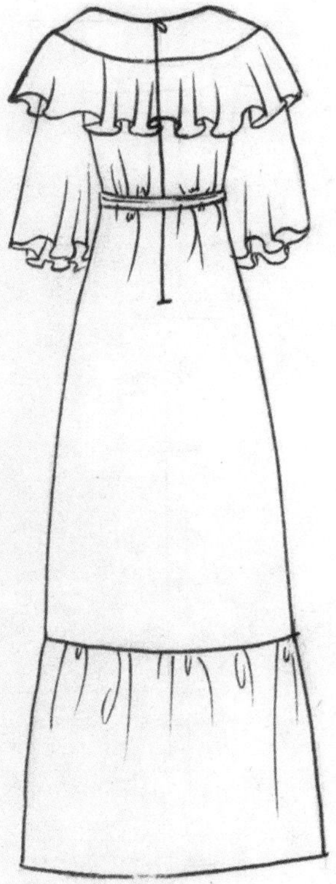

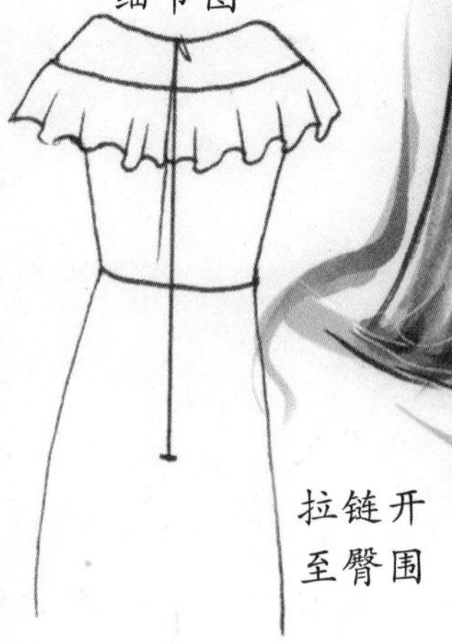

主题：生机

设计思路 绿色长裙在长长短短的抽皱与波浪中翻滚，视觉中心包围在颈部，烘托出精致的脸庞，真丝搭配精致的刺绣，镶上细密的宝石，时尚之感随之而来。

◆**教师点评**：分割多且不规则本就是设计的一大突破口，作者很好地利用了这一点。

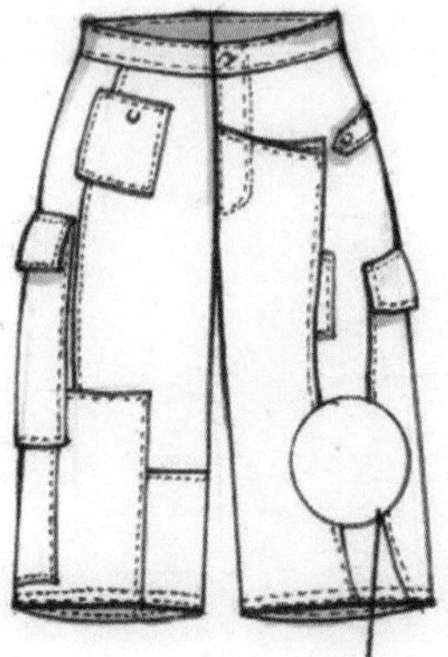

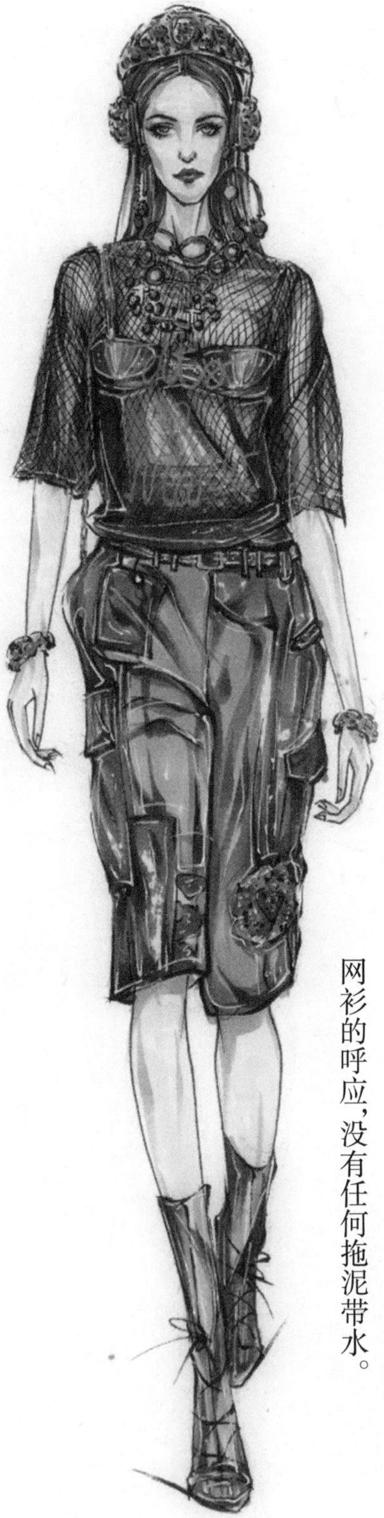

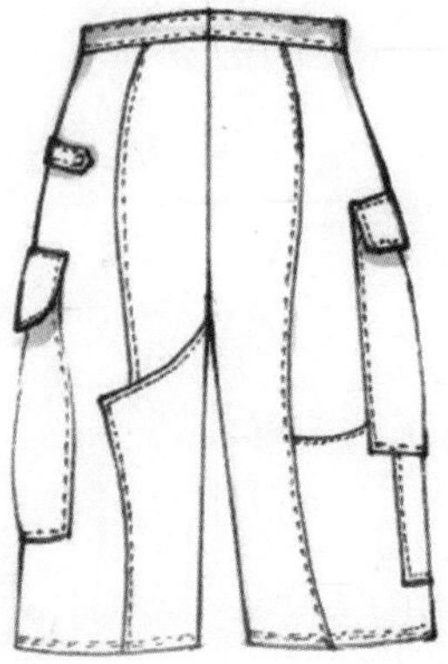

主题：春的诱惑

设计思路 内衣外穿本是诱惑之源，富丽的头饰也是诱惑点，但两者都没有抢过裤子带给观者的视觉诱惑。耐看的细节，被万绿丛中一点红致命吸引。鞋子与网衫的呼应，没有任何拖泥带水。

教师点评：效果图上的腰没有款式图上的腰的比例来得美观。细节表达比较充分，装饰裙子的形有点过于随意了。

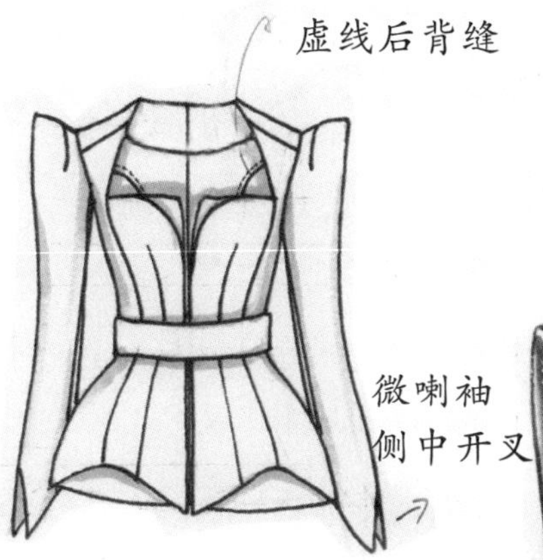

主题：人面桃花相映红

设计思路

年龄：25—35岁。

季节：春秋。

风格：优雅。

场合：职业。

色彩：粉色系（偏暗）、金色。

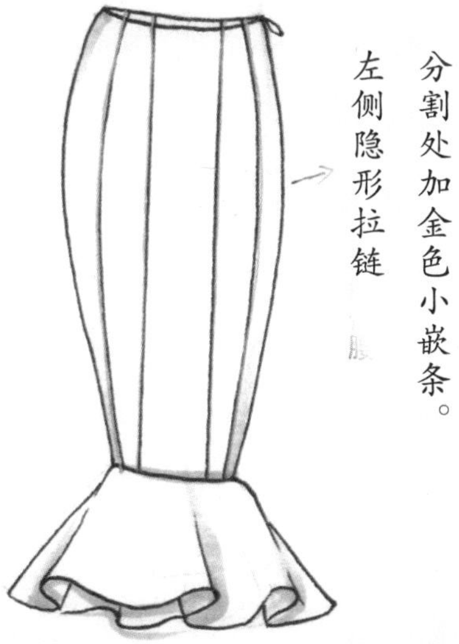

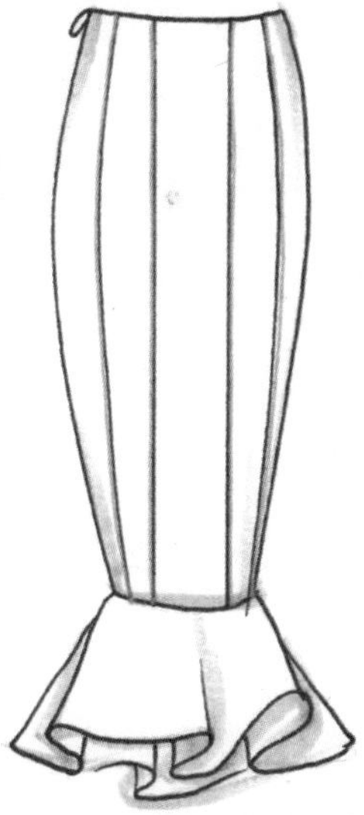

教师点评：前腿不可能比后腿细，整个透视不能错。

主题：剧院魔法

设计思路 宛如一个魔法精灵在台上展示剧院的闪光点。不规则的布条、彩色的图纹、个性的丝袜、标志性的魔法帽，无一不突出剧院的丰富与独一无二。

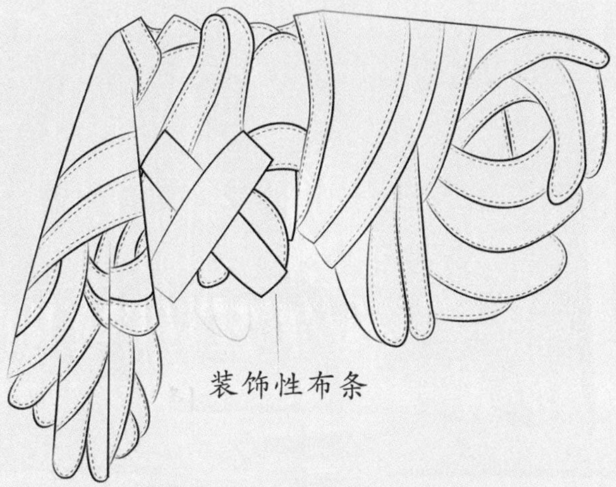

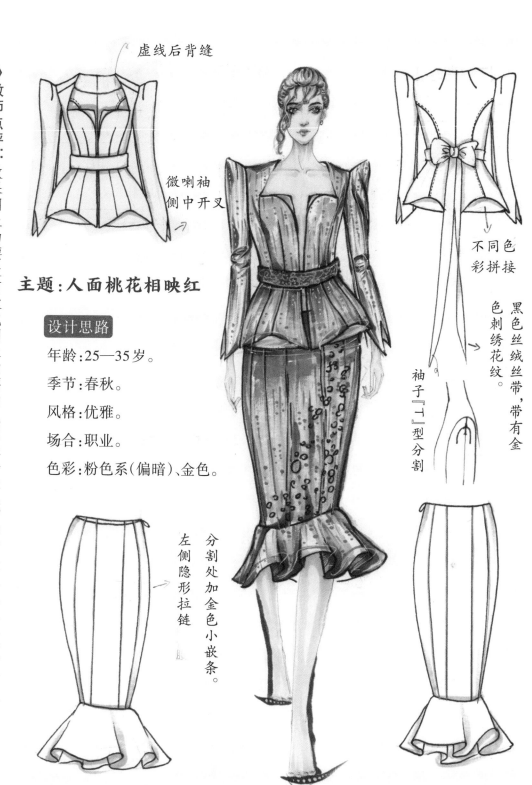

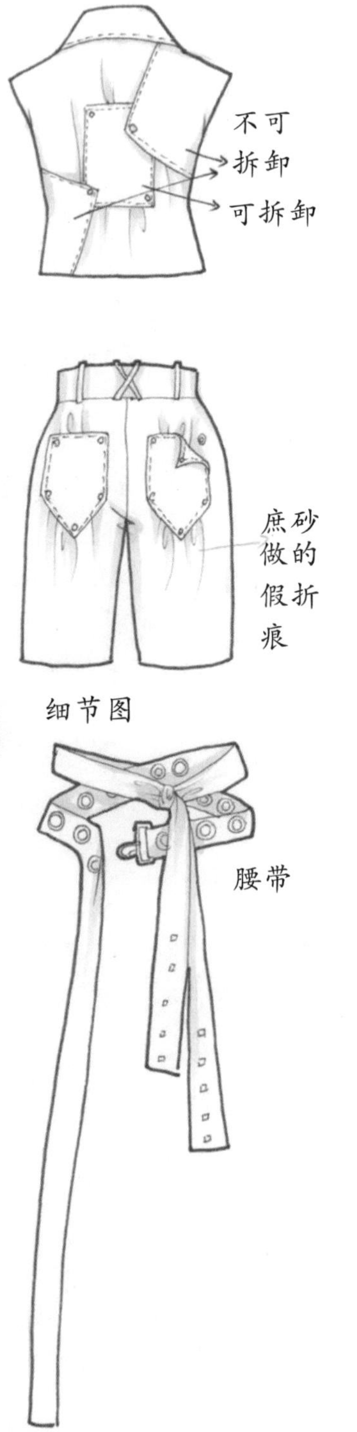

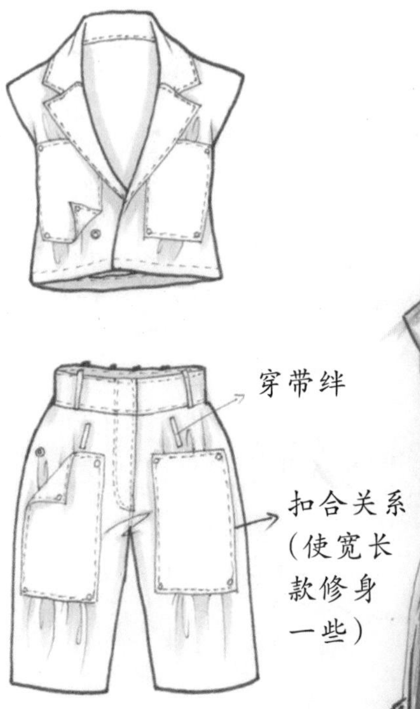

主题：特种女兵

设计思路 贴袋、立体袋、腰带、装饰带，袋带夸张，无袖加短裙，自由伸缩，一抹军绿，身材与力量，没有冲突。

◆教师点评：整体感不错，款式图也很细致，就是手的部位还是显得畏畏缩缩。

主题：戏说京戏

设计思路 当京剧的富丽遇上牛仔的粗犷，就像花旦遇上了兵，冲突之美是那么鲜明。京剧的套色带着京韵，令你怎么分割都无法破裂，随着宽布带一路延伸，从红色起，到红色收尾。

◆教师点评：夸张的造型，利落的笔触，大胆的配色，融民族元素与潮流廓形，前卫又不失细品之韵。如果下摆再放开来一点就更好了。

Ren Xing

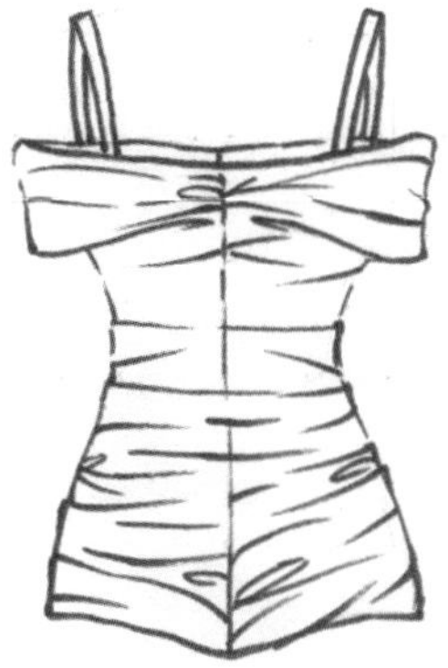

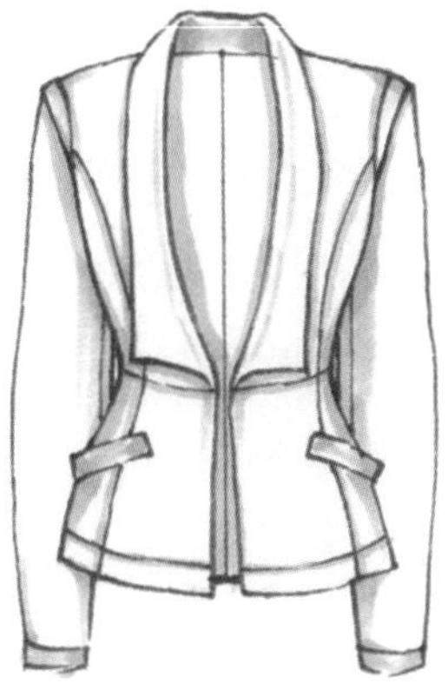

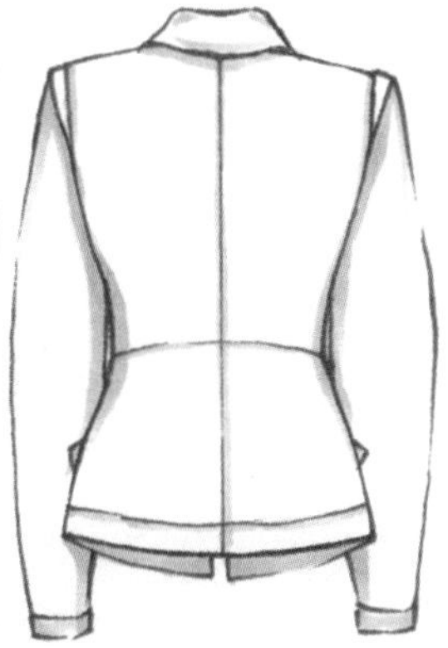

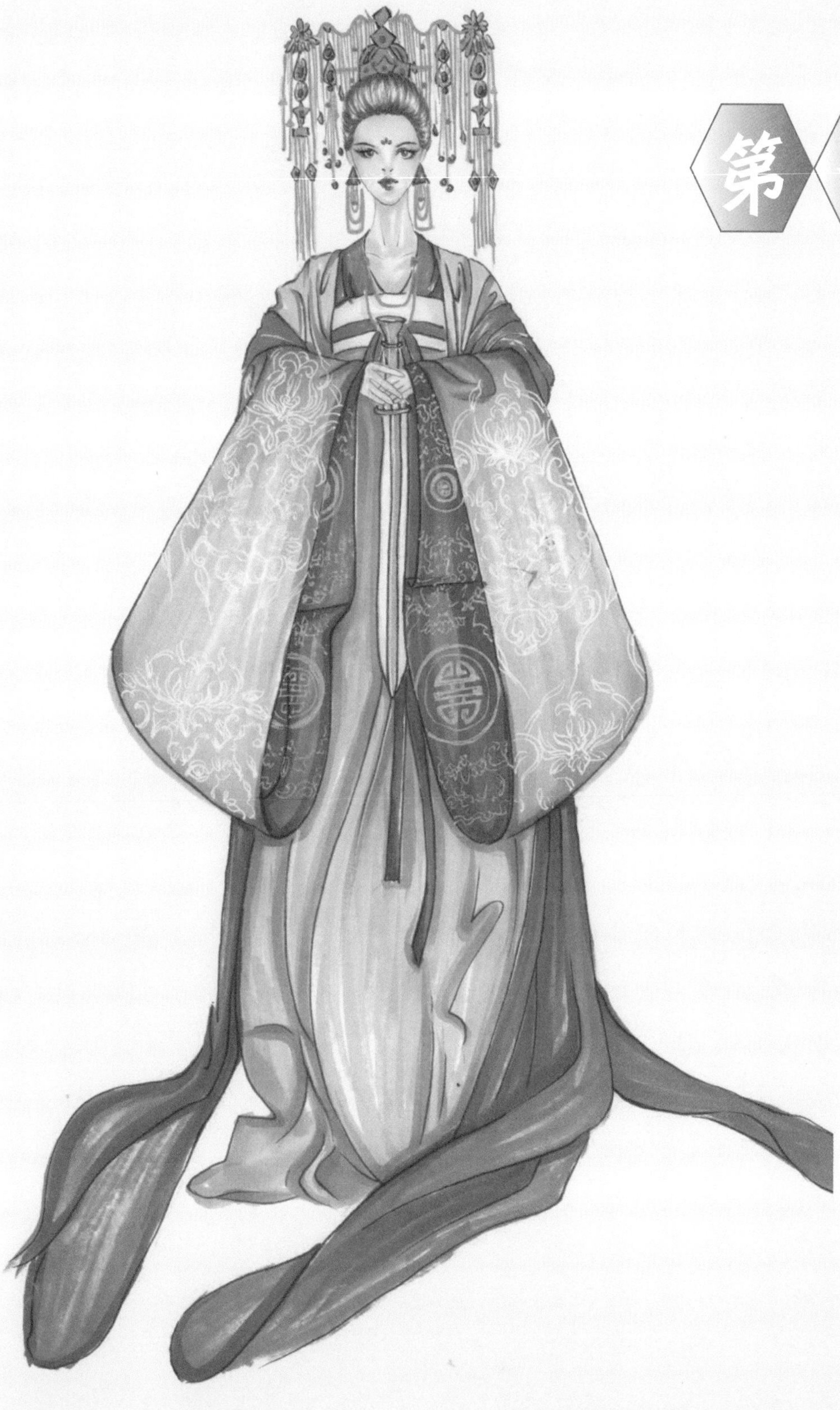

第六辑

省技能考第十五名茹蝶作品赏析

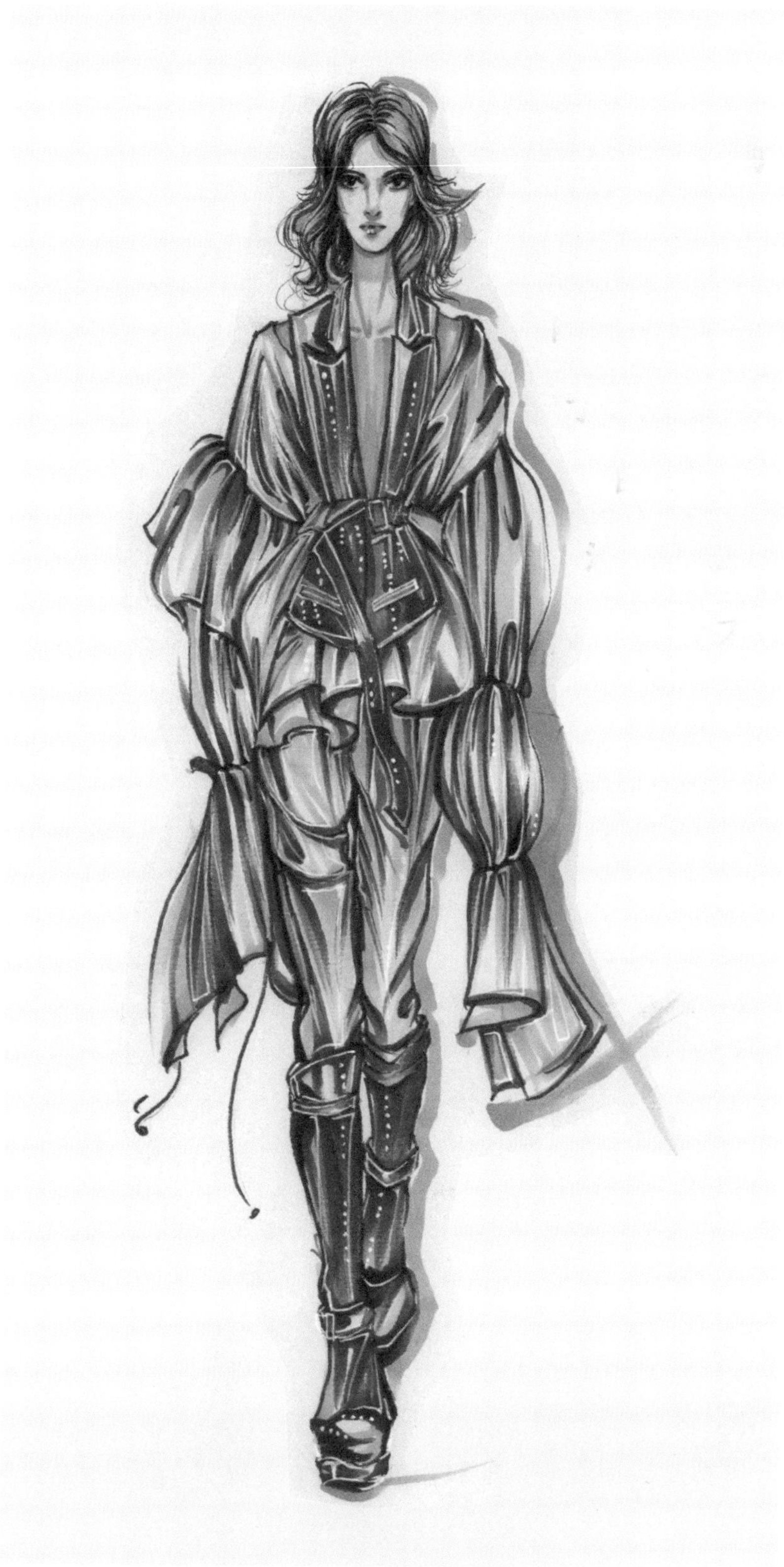

主题：蜕

设计思路 蓝色的柔糯漆皮外套，精致刺绣的内搭裙下拖出蓬松的硬纱，紧包着泛着珠光的打底裤，一切很安静。大小的金色粉蝶从内搭的衣服密集，在外套上不规则地飞舞，让视觉延伸，让遐想无限延展。

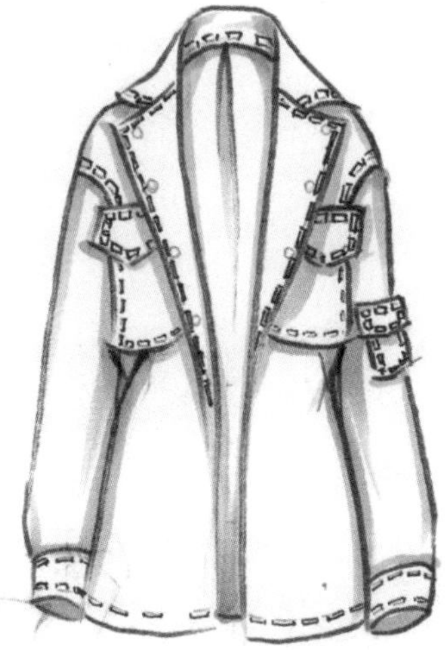

教师点评： 内搭也是非常重要的款式，所以内搭的款式图也要好好表现一下。

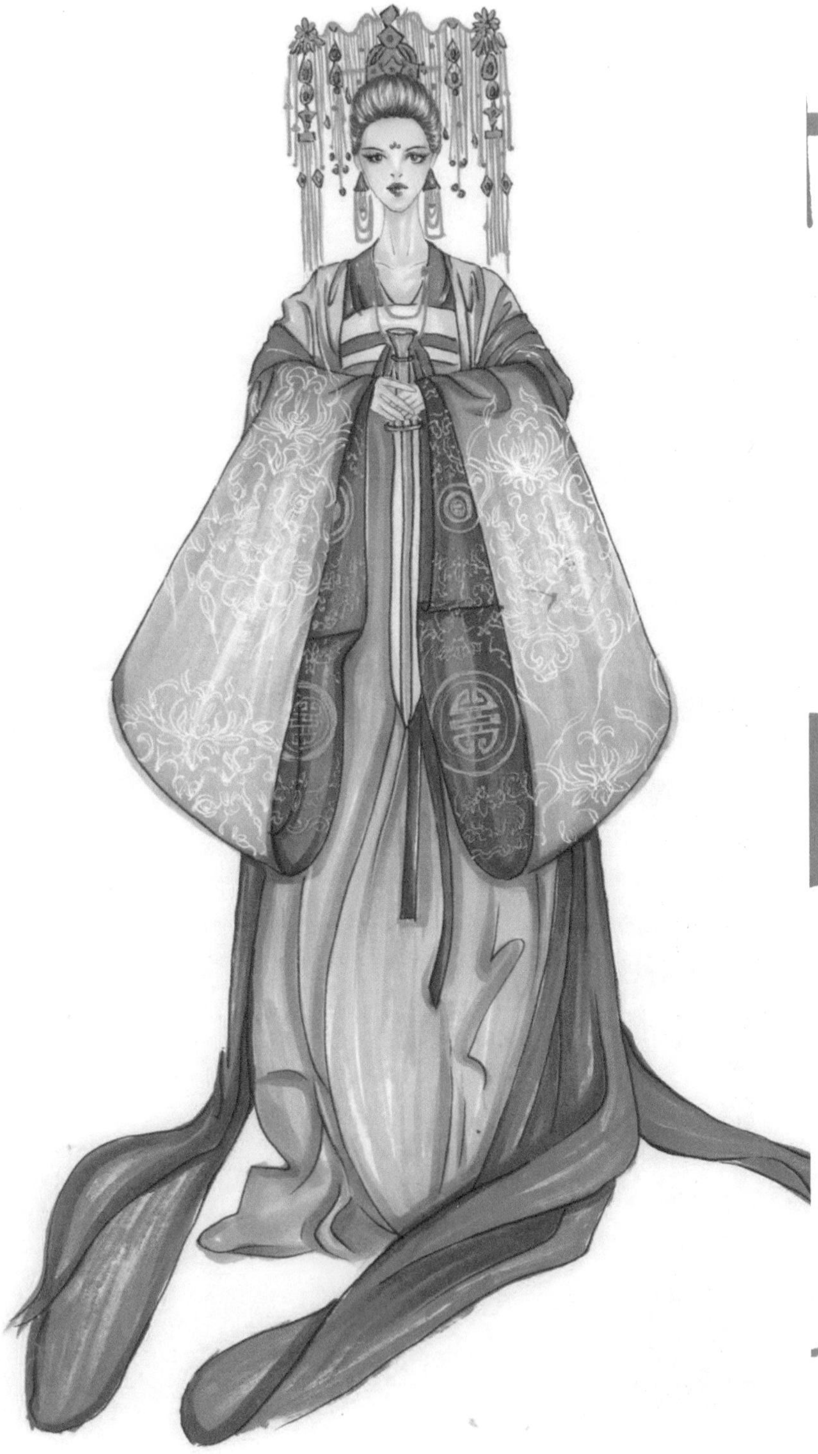

第七辑

省技能考第二十名徐雨婷作品赏析

◆**教师点评**：帝政风格的外套配上了艳丽的大花，裁短的裙摆下露出纤长的双腿，精致的编织、流苏加刺绣，任何细节都不曾放过。

主题：游园惊梦一

设计思路 该服装以人造丝织锦缎为主要材料，软纱、棉、皮革为辅助材料，通过结构的分割和重组，形成一个新的造型，突出了服装的多元化。

◆**教师点评**：款式图如果不走常规路，这样的表达方式也是挺好的。有些不常用的模特动态却是很难刻画，建议直接找人摆拍，然后仔细研究，不可凭空想象，导致作品别扭。

设计思路 连衣袖加襦裙加袖子开衩。外套为和服，内里为中国传统连衣袖。涟漪是睡莲的呼吸，波光是月亮撕碎的花瓣。就在今夜，一起进入无人知晓的地方。

主题：游园惊梦二

主题：游园惊梦三

设计思路 该服装以棉麻织物为主要材料，以皮革、丝绸为辅料，加以玉器、金属的装饰，使得服装多元化。类似鸟类翅膀的袖子，加上独特的分割与重组，使其增加了趣味性与使用性。腰部独特的饰品组合使服装整体更加统一、和谐，给人一种新颖、有趣的视觉效果。

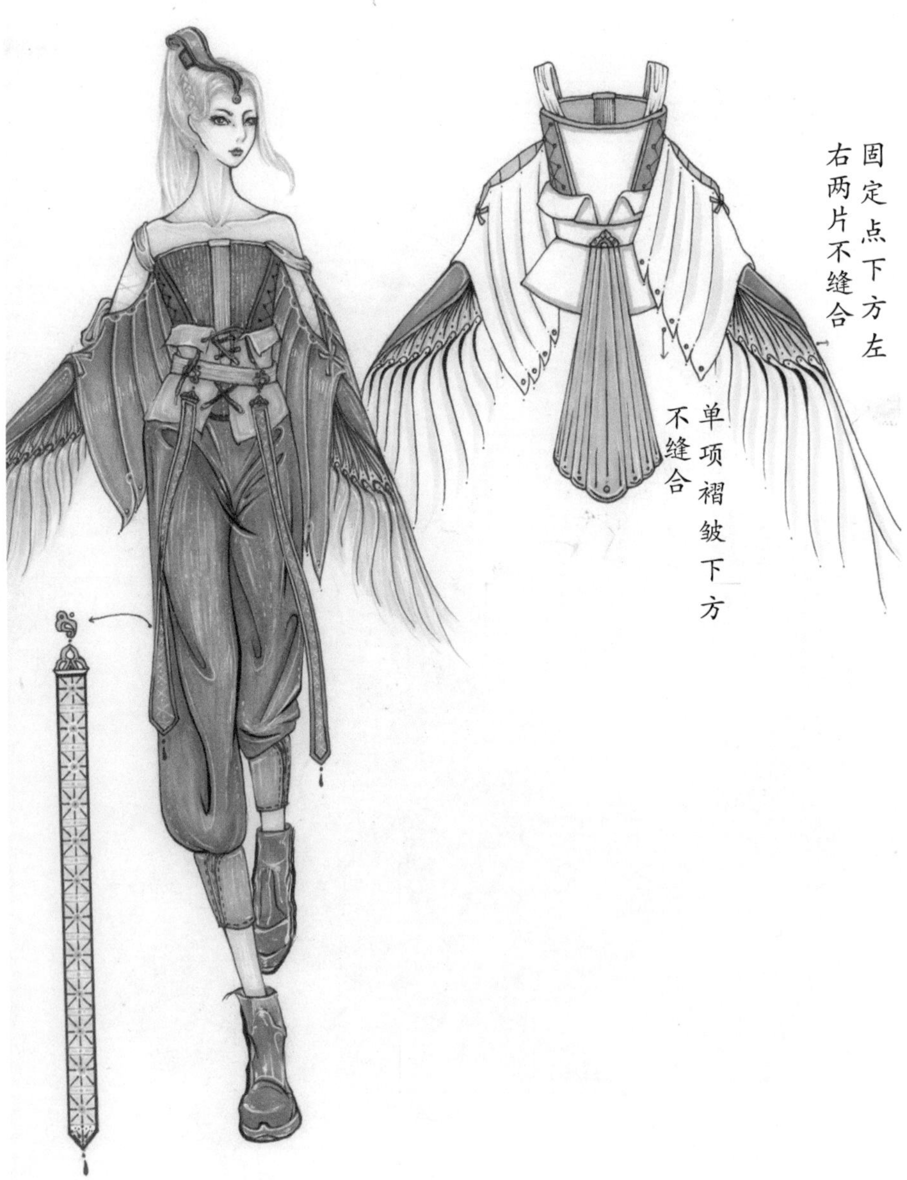

教师点评： 此款服装的灵感大概源于达·芬奇的手稿，人类在尚未有能力飞上天空之前就已经在思考如何落地的问题了。能将姊妹艺术融于服装设计之中，这是一条很不错的开拓思路，值得肯定。借鉴前人的作品，起步就是站在巨人的肩膀上。

教师点评： 反弹琵琶的灵感来自敦煌壁画，模特的款式、饰品、表情、动作都表达得很到位，但是款式图和效果图在色彩上大相径庭。对于考试而言，容易让人抓住把柄，建议或不填充颜色，或填充同种套色。另外，款式图中内衣没有说明材质，例如一次成型文胸等，就不能没有分割线，否则梭织布无法直接成立体型。

设计思路 朱纱巧锁罗裳结，掩面归霞浮世别。千古荣辱叹何劫，陀铃声里夕阳斜。敦煌壁画上的飞天图，反拨琵琶的姿态，让人流连忘返，轻柔的面料配以玲珑的装饰，不禁想深入其中，一探究竟。

主题：游园惊梦四

◆教师点评：款式图中，服装的三维造型还不错，但是没有从制版、工艺的可实现性角度思考，所以还是停留在纯画的阶段，这样是不利于专业发展的。效果图中，模特好似孕妇，腰部线条没有暗示到位。

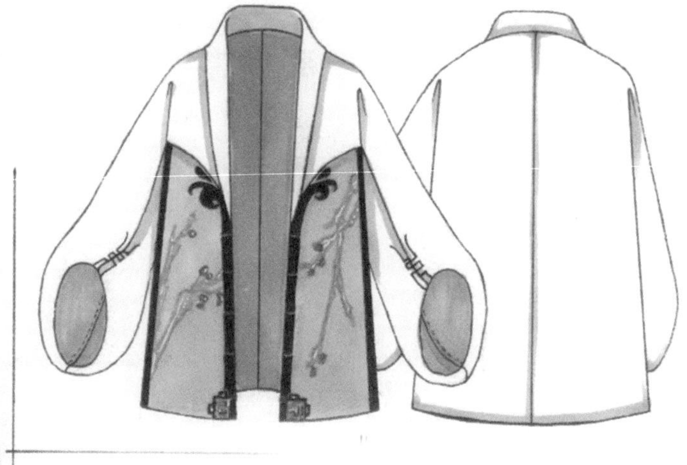

主题：游园惊梦五

设计思路 2片袖，前面为插肩袖，后中分割，特殊袖形设计，衣身侧面也有分割。温柔朴实的色彩搭配圆润细腻的造型，让穿着者显得温和可亲。

腰带

古香缎

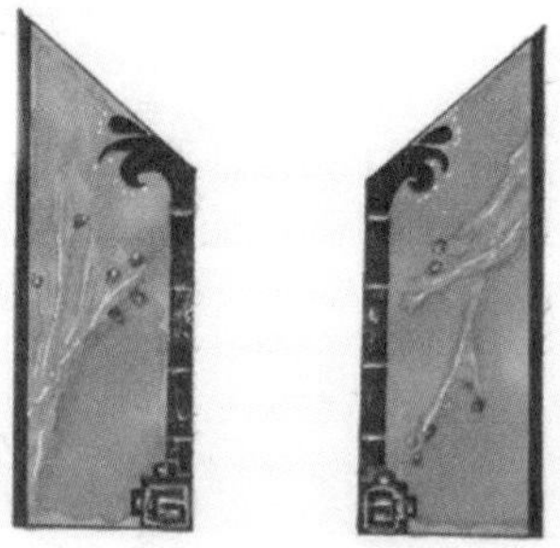

◆教师点评：服装既轻盈又不轻佻，看似平静又偶有铃响，使整体增添了实用性与观赏性。

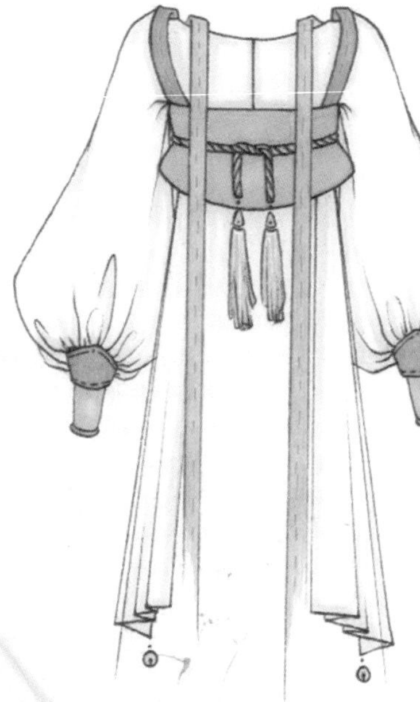

主题：游园惊梦六

设计思路 这款服装在前胸系有一个香囊包，可随意拆取。与服装整体相得益彰。以塑性感强的空气棉为袖子材料，丝织物为连衣裙主要材料，使服装更为飘逸。装饰与同侧的两层轻纱尾部各带有一银铃，俏皮可爱。独特的泡泡袖内是较宽松的长袖，于手腕处用护腕固定，长袖外有可密封夹层，以便装轻便物品。

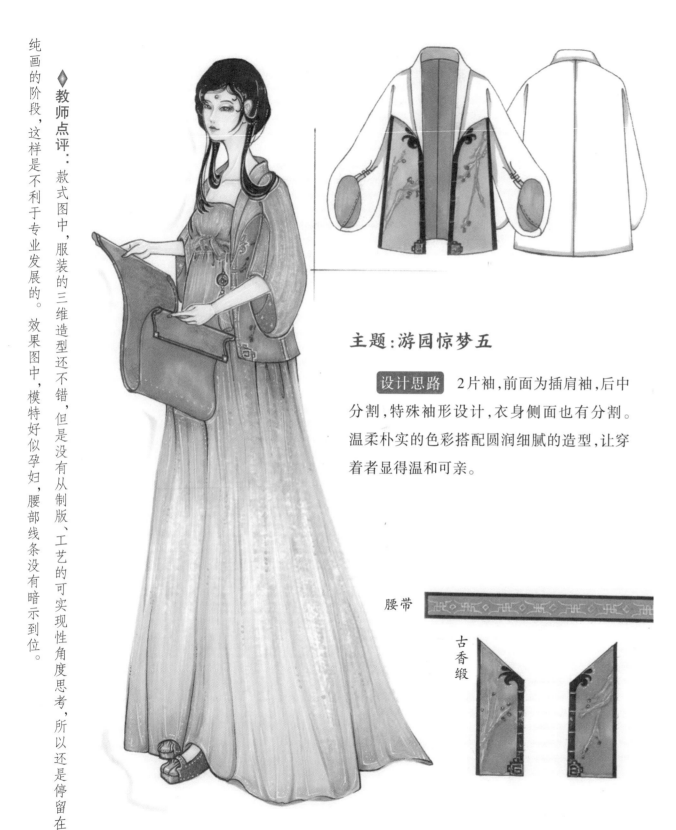

主题：春芬

设计思路 飘逸的裙摆似晴空下的一抹阳光，前中X形刺绣牢牢控制视线，同色异质的图案透着如翡翠一般的诱惑，开叉下的美腿引导我们看向大气又不失雅致的绣鞋。

◆**教师点评：** 雨婷的思维最怕被束缚，裙摆没能放开来画，外侧不要用黑线勾勒，可以增加虚化的效果，款式图的收腰与效果图的敞腰，以及前后关系，无法自圆其说。

主题：胭脂翡翠

设计思路 水中荷花，花下荷叶，胭脂虚瘦熏沉水，翡翠盘高走夜光。玉石的色彩以透为美。中段灯笼的袖子，没有影响肩部的美感。半透的腰间裁断，打破传统的版型掐制，走出性感的韵味。

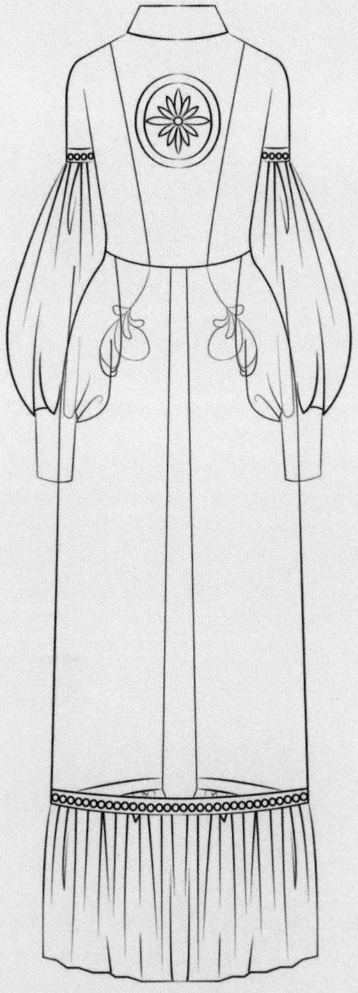

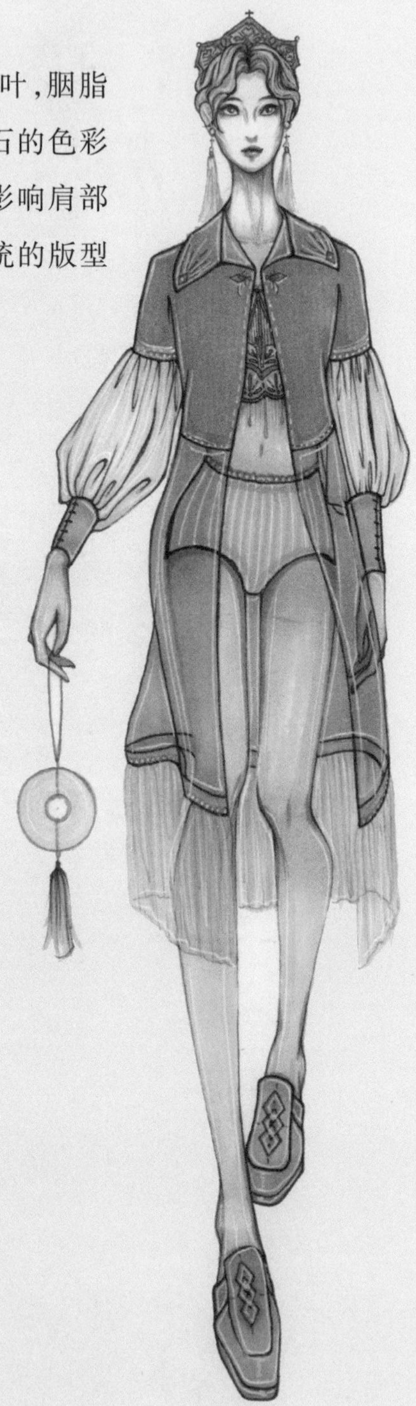

◆**教师点评：** 款式创意比较弱，色彩搭配也不是很成功，好在人体与动态尚具美观。以后此类款要多点服装的分割，以增加耐读性。

◆教师点评：越是合体的服装越需要分割或省道、褶裥等，除非是针织面料。所以在没有时间写设计思想的情况下，在款式图中或加分割，或作标注的方式来解决，不可不说明，否则容易被挑错。

主题：俏娃

设计思路 点、线、面在变化中穿插、呼应，耐读的细节，不对称的袜筒，烦琐、精致到略显零碎的装饰被柔纱如水般含蓄、隐退，让观者的视线回归至独特造型的头部。

◆教师点评：雨婷的画始终带着浓浓的装饰味道。这也不失为一种独特的美，就像油画名家波提切利的作品。色彩的选择上可以适当参考中国传统的名作或敦煌壁画中的套色，适当再丰富些会更好。

主题：阿妹进城

设计思路 无领的俏皮凹陷，利用棉料的特有造型支撑，仿佛超短的塔裙搭在了肩上，灯笼袖和超短小A裙，O形的可爱之风迎面而来，如果没有三片动感刺绣和袖克夫的连指装饰，视觉中心将会无处安放，民族之味也无从谈起。

主题：田园信步

设计思路 小圆领下和腰上装饰着不同大小的蝴蝶结，领口、袖口与腰头的抽皱元素相互呼应着、变化着，浓重的色彩却被裙子的长度截胡，反而有了轻巧之味，朴实的棉麻材质和裙摆的流苏，舞动出田园信步的美好心情。

◆**教师点评：**洛丽塔风格是雨婷的最爱，只是套色上有很大的改进空间。对版型分割开始关注，有进步！

主题：宫廷小女仆

设计思路 露肩的一字抽皱领、多层的喇叭袖、宽大的裙撑，在紧身胸衣的收缩下，形成强烈的对比，巴洛克风格的遗留，显而易见；然而密集的小碎花刺绣引来了洛可可的细节，几何装饰和低调的配色，隐入了中式民族风的元素，截短的裙摆走出现代的时尚特征。

◆**教师点评：**这是雨婷自由发挥的作品，所以在作画的过程中，心绪平静，细节到位，非常棒。

主题：红衣男孩的扮演者

设计思路 精致的毛衣、裤子、袜子在黄绿色中若隐若现，红斗篷上蓝绿色的宝石熠熠生辉。网纱面具下是俏皮的小嘴，不对称的门襟显得活泼、动感，点线面的元素在周身跳跃，将红绿对比出弃俗拾雅、贵气十足的感觉。

◆**教师点评：** 红色的斗篷，像古时的小姐出门的行头，又让模特看起来像外国的小捣蛋鬼，作品富有朝气。

主题：混沌初开

设计思路 盘古开天辟地，女娲彩石补天，混沌之间，万物生长，一片洪荒初定之美。宽松的驳领夹克，在粉底刺绣中，温柔又不失精致之美，同色异图的长裙，在渐变中一次收敛，用深色柔纱遮出二次收敛，将视线集于精致的上衣，引向妩媚的脸部。

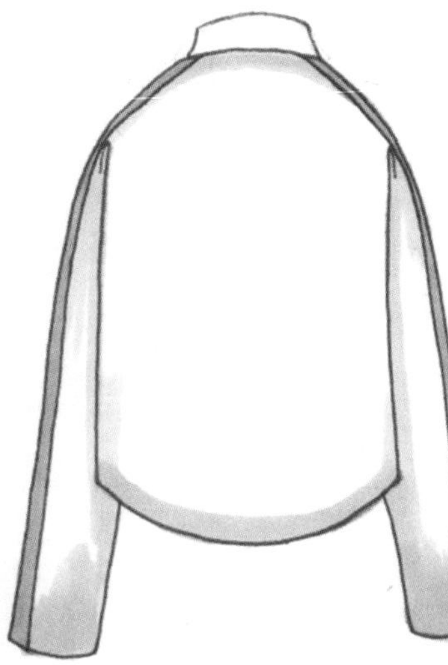

◆**教师点评：** 这是雨婷比较成功的作品之一，用同类色却显得很滋润，这不得不归功于那些美丽的图案。细小的对比色激活了看似非常低纯的红色系。只是款式图有拖后腿的迹象。

主题：嫁衣

设计思路 热情的中国红，五彩的霞披，荡气回肠的敞口袖配合雍容华贵的宽大下摆，仿佛置身仙界。精致的凤尾翎羽，舞动出天宫帝女出嫁之辉煌气势！

◆**教师点评**：这两张图的灵感来自京剧的艺术美，从主打款开始，逐步解构款式局部，设计感比以前有很大的进步。如果款式图上能再多关注一些解构分割就更好啦！局部饰品如果用细节说明来讲讲特殊工艺就完美啦！

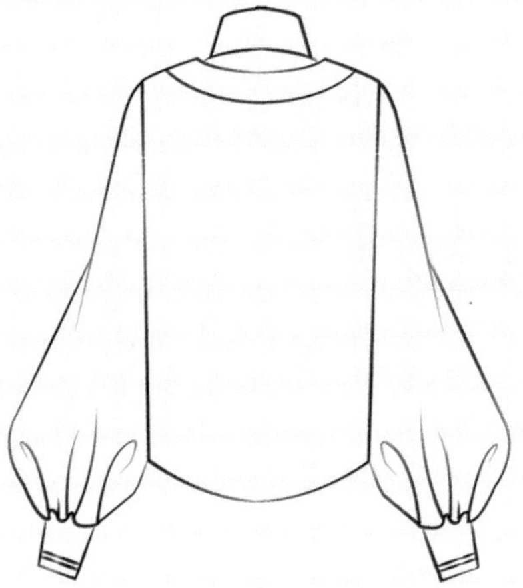

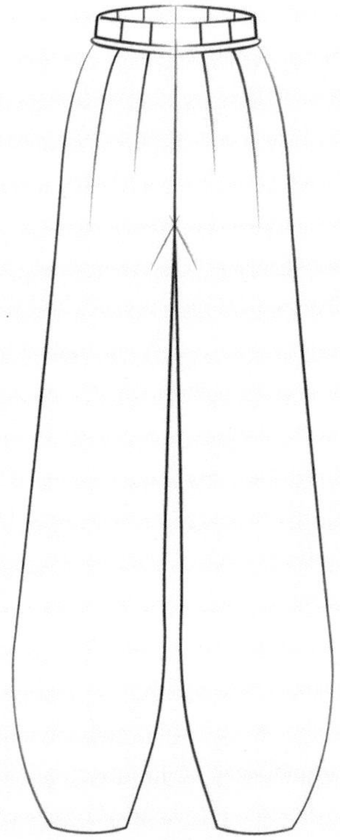

主题：小女走江湖

设计思路 灯笼袖搭配灯笼裤，衬托出瘦削的肩膀和柔嫩的腰肢。立领下的大刀领和宽头鞋，虽有男儿元素，但精致的刺绣、华丽的材质及秀雅的配色，都难掩富家小姐的真实面目。

教师点评： 这张图在线条的粗细方面下了很大的决心，虽然僵硬，但是确实有进步。下次在此基础上关注疏密、聚散关系就更好了。

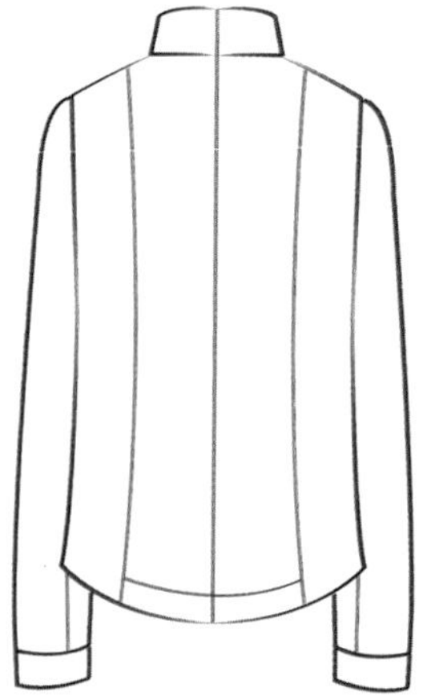

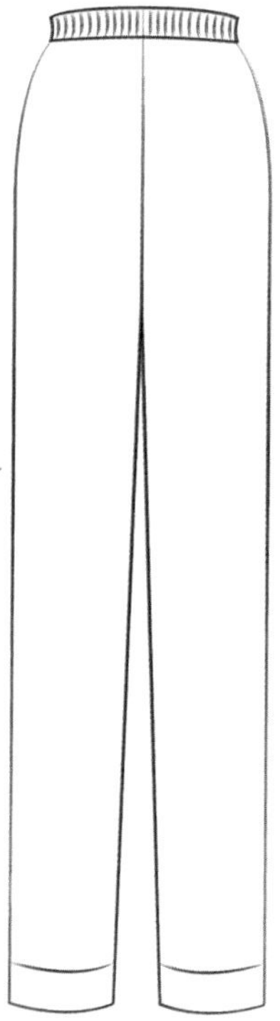

主题：龙族遗珠

设计思路 深海的蓝带着紫色的光芒，龙鳞和水纹在胸前翻腾，让蓝紫色在低调中变幻。枪驳领被改造，袖克夫被拉长，白色立领衬衫的下摆不塞进裤腰，这都是年轻的龙族气质。

教师点评： 雨婷的风格就是面面俱到的细腻，虽然看似无可挑剔，但实则略显僵硬。款式图画得不够精神，没有画出贵族气息。

主题：橱窗里的安娜

设计思路 浪漫的色彩搭配俏皮的造型，使服装展现出童真的一面。

◆**教师点评**：效果图中，上衣的灰色打底显脏，以后宁可空着。虽然是为了呼应裙子的颜色，出发是好的，但是整体效果被破坏了。款式图中，上衣领座的高度与效果图中的领座高度不符。裙子的省道不是前后都一样，腹凸点和臀高点的位置是不同的。

◆**教师点评**：抽皱与下方的波浪纹要有呼应。雨婷对图案回位的计算能力，通过专项训练以后有了很大的提升。对于爱好图案设计的雨婷而言，这很有必要。

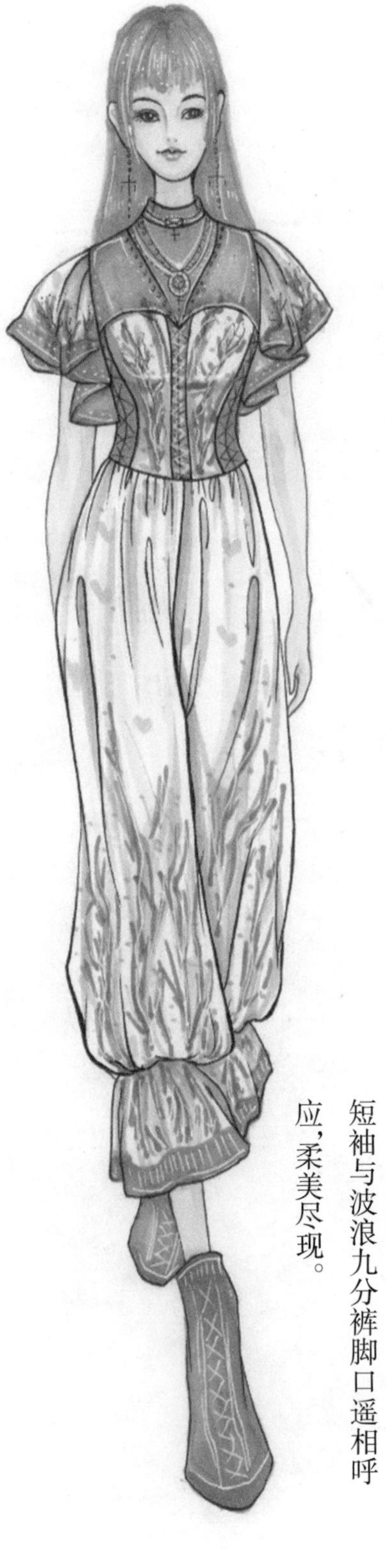

主题：春神

设计思路 春神让枝干由黑转红，红枝冒新芽，由密向疏。图案的单个回位超过了一米一。公主分割实现合体需求。竹纤维带来舒适感。波浪短袖与波浪九分裤脚口遥相呼应，柔美尽现。

图案细节

◆教师点评：款式图没有效果图来得美观。有些部位可以采用打开的形式来展示，腰带、腕带都可以单独展示。

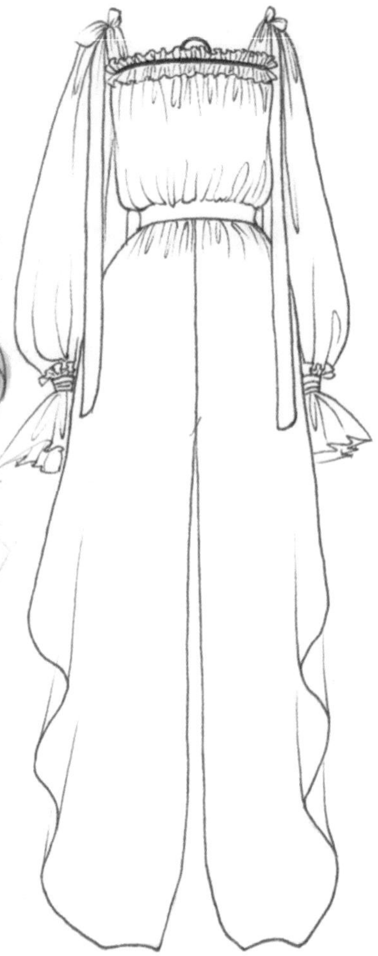

主题：浪里摇

设计思路 蔚蓝的海天一色，随风起舞的丝质长裤，侧缝单向展开，造型百变。高腰细褶带来希腊风格的点点痕迹，敞口长袖用美带收腕。上端用长丝带轻系肩头，衣带飞舞出爱琴海的浪漫。

◆教师点评：款式简约而不简单，能考虑面料小样，有进步；不过，丢了细节说明，不应该。

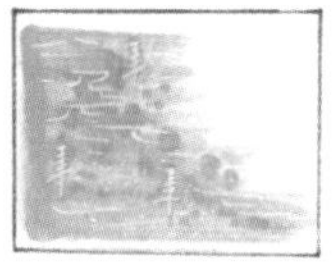

细节：缎纹

主题：庄周晓梦迷蝴蝶

设计思路 连脚的翻领，花瓣式的下摆，理性的立体袖，对襟的盘扣，本是比较时尚的款，却融入了中国传统的低纯色绸缎暗纹，尽显低调的奢华。

主题：山风渐

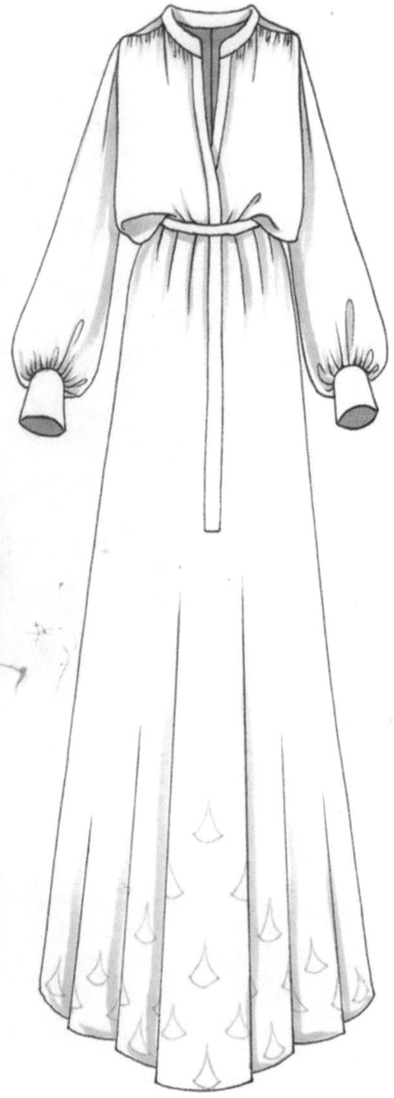

设计思路 『山雨欲来风满楼』，清新的色彩搭配悬垂感强的面料，从肩部抽皱积量，向下展开，细微的色彩渐变出裙摆纹样，一根细腰带随意一系，分割了上衣下裙的比例，简单的立领与开叉，宽宽的克夫，同色的圆扇，轻轻收拢了所有的展开。

◆**教师点评：**简单的服装用丰富的纹理来修饰。是最巧妙的方法。只是衣纹贴在人体凸起部位的时候，要注意对人体的暗示。效果图中在前腿股直肌的表现明显不足，以后要改进。

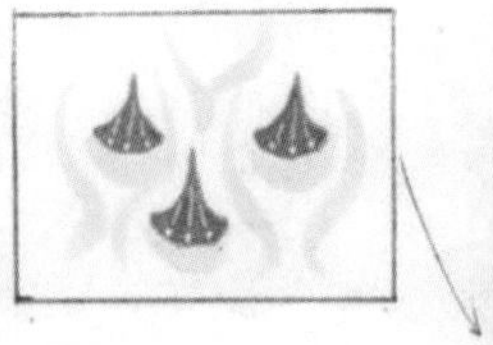

银杏叶，采用刺绣工艺，带有亮片

主题：南风知我意

设计思路 『南风知我意，吹梦到西洲』。思念如同丝纹，缠绕在女子身旁，衣袖和裙摆随风轻摇，如流水般悠然，南风若知道我的情意，请把我的梦吹到西洲。本款服装以棉和香云纱为主要材料，通过不同质地的面料呈现出不同的效果，棉的良好造型性，香云纱柔软且行走时发出的声响，动静结合更为有趣，纹样专门设计，古意浓浓。

◆**教师点评：**雨婷对古意类装饰兴趣颇高。她看的书多，想的也多，且能自我消化，自我升华，值得表扬。

主题：千里江山

◆教师点评：雨婷比较关注图案的细节，对于人体的关注不足，小腿的解剖完全没有体现。另外款式图上的结构也要留心。

设计思路 在香云纱和棉绸上，用数码印花加刺绣的手法，将千里江山的缩小版在身上呈现，小铃铛引你进入那宋朝少年的热情与温柔。

主题：没落贵族的爵士舞

◆教师点评：三角肌上的反向罗马袖的装饰是一个亮点，建议从结构上进行分析，画出侧视图。袖中线必须裁开才能实现。裤子款式图的腰头在三维视角下是水平的，在二维视角下是前低后高的造型，切不可出现前高后低的奇怪造型。后裤袋的大小分装饰型和实用型，口袋的位置和大小的比例都要和臀围有联系。

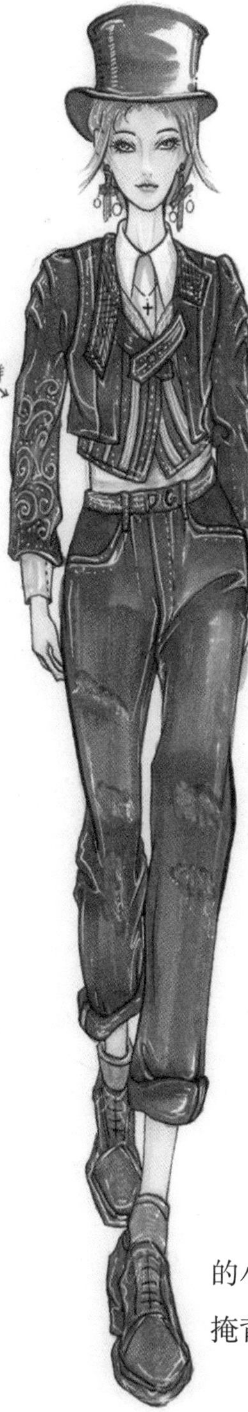

设计思路 擦亮的礼帽，精雕细绣的小外套，合体的小背心，洁白的衬衫，虽然搭上了破洞牛仔裤，依然难掩背后的辉煌，这是一份对完美的叛逆。

第八辑

省技能考第二十名胡科作品赏析

教师点评：小西装的长度在腰节线上，款式图中，袖子的肘弯应该刚好对上西装的下摆，整个比例错了的话，款式图与效果图就无法挂钩了。前后片的衣长及袖子都有问题。在短装的绘制技巧中，肩宽和衣长先定，就不会差很远。

主题：摩登时代

设计思路 雅致的小礼帽，精神的平驳领七分袖小西装，白色的小马甲，白色的大立翻领衬衫，理性的黑白拼色皮鞋，塑造出严谨的上半身。浅灰的欧根纱上精致的贴布绣，耐人寻味，三层塔裙用相似的面积引出宁静的气氛。

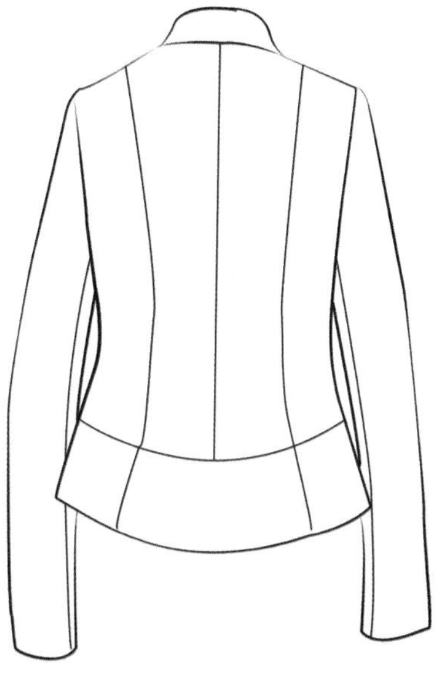

教师点评：款式图绘制，前片应该是袖子挡住衣服的下摆。用色比较单一，暖色有地方呼应，但是冷色稍显孤立，内搭T恤上的字母用绿色，可能效果会更好。

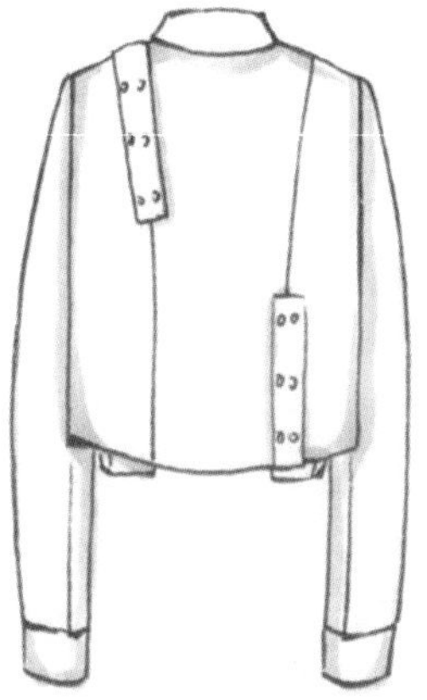

主题：荷塘游

设计思路 『知否，知否？应是绿肥红瘦。』舟木色的上衣，硬朗的转折，装饰带袋，遮住分割，复杂的裤子，绿意盎然，荷叶翩翩，水晕漾开。

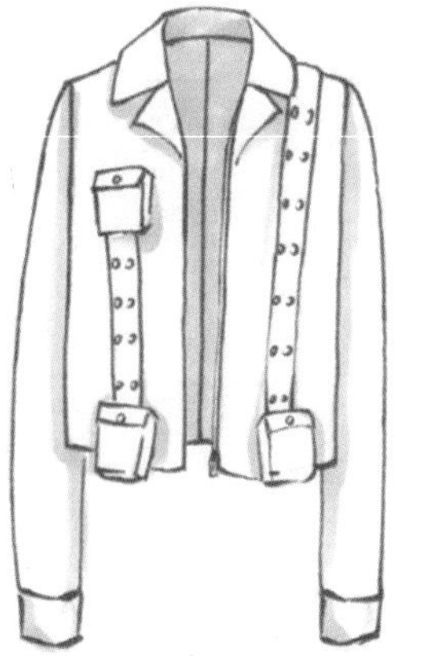

主题：花木兰回乡一

设计思路 花木兰乃巾帼英雄、铿锵玫瑰。腰带与大贴袋仿佛未褪完的盔甲，战场的红披风依然在飘扬，红裙微动，才觉已至故乡。

◆**教师点评：**面面俱到是有法的最高境界，要想突破整个瓶颈期，必须学会有法之上的无法。有收无放，不失最高境界。

主题：木兰回乡二

设计思路 翻领直立犹如黄金盔甲穿在身，皮质翘肩微微张落，护胸反成内衣外穿的时尚；麻料长裤，张扬大气，红皮革线镶嵌穿插。

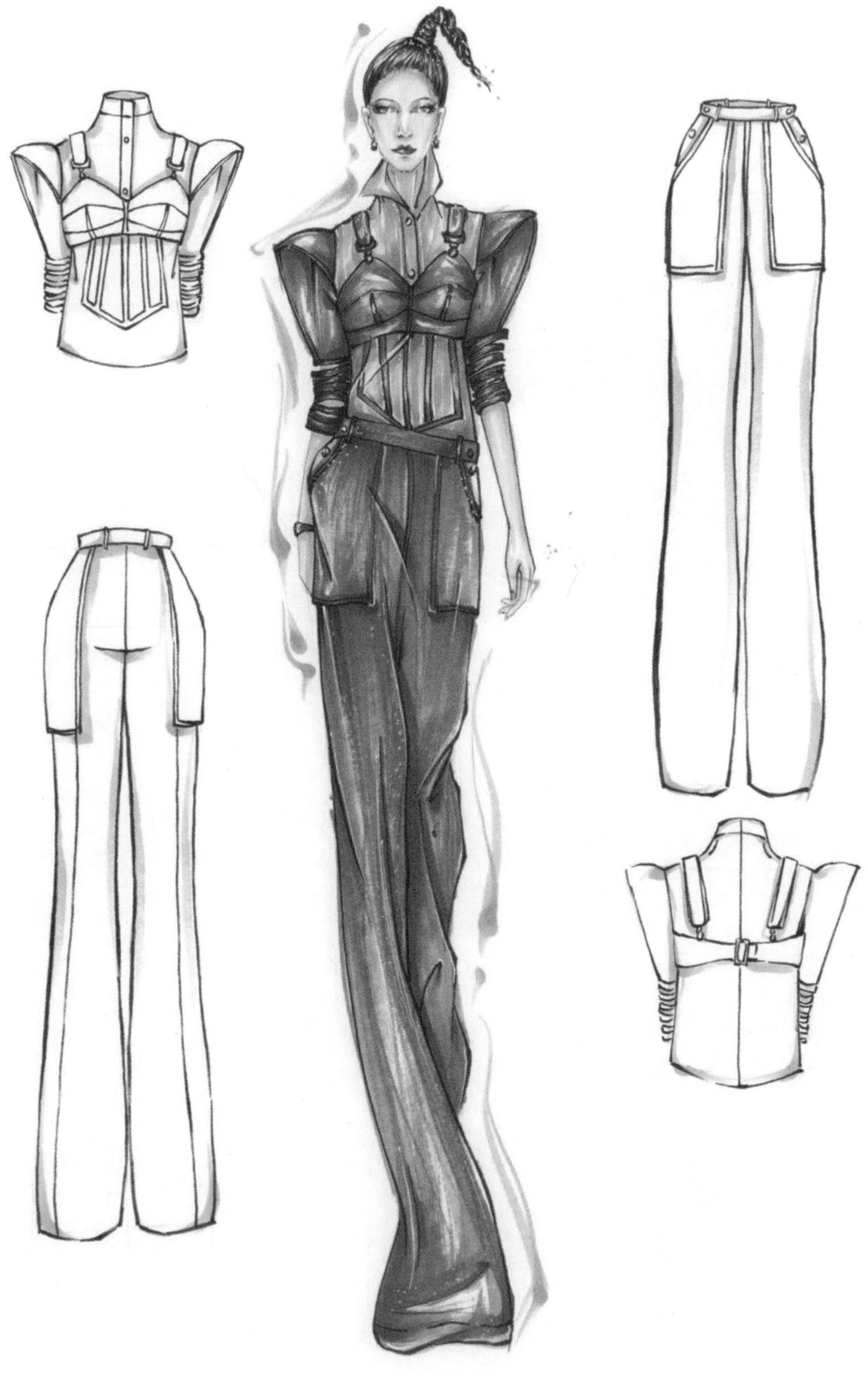

◆**教师点评：**裤子的前后款式图中都没有显示开合关系，整个裤子没法穿脱。效果图中，后腿胫骨前面的布纹不应被强化。

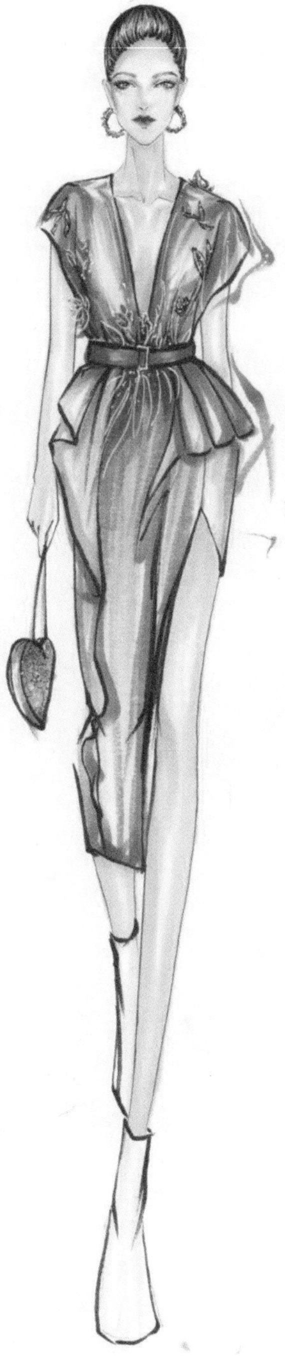
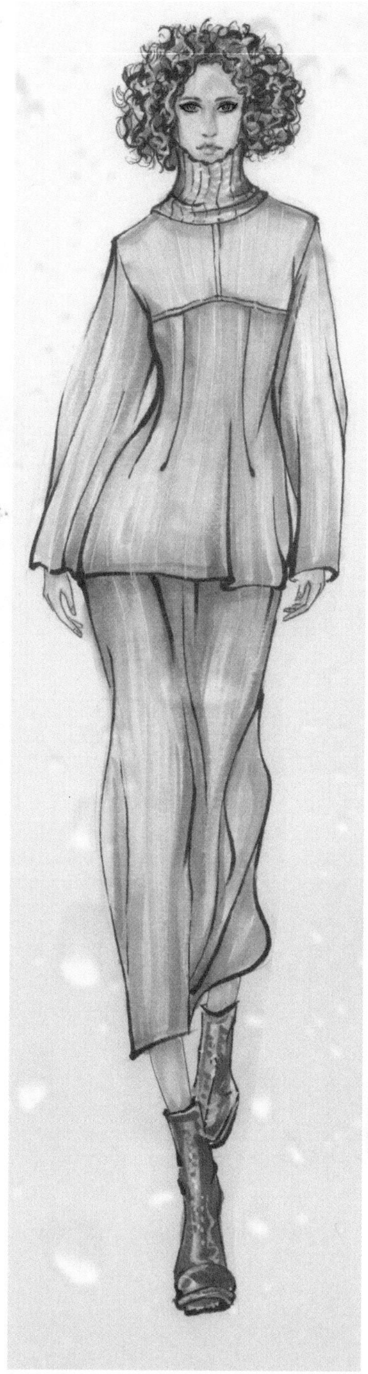

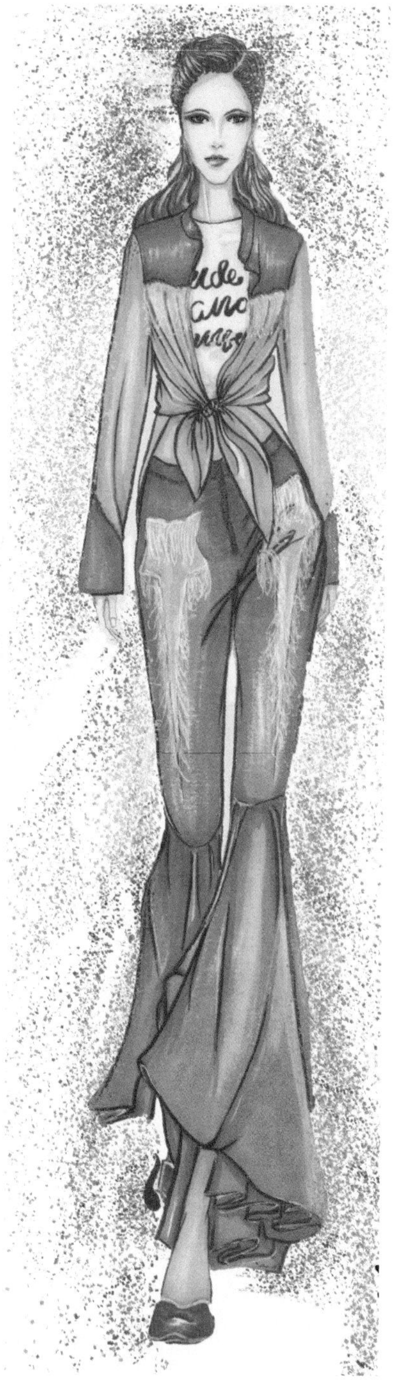

第九辑

省技能考第二十七名宋江盈作品赏析

主题：拯救自我

设计思路 宽松的轮廓是动作顺畅的关键，假斗篷带来的安全感，是希望与世隔绝的年轻人的最爱。小小的多于裁片带来的却是活力跳脱的感觉，复杂的领口设计和活口胸省，让视觉中心锁定，搭配阔腿裤，迈出舒适的步伐。

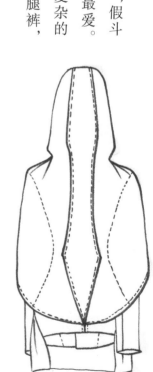

◆**教师点评：**江盈一幅作品用了短短的一个小时，就落笔而成。虽然手的细节不是很到位，但是一气呵成的顺畅感令人信服。

主题：莫奈的小花园

设计思路 灰中透着青色的小上装，像是莫奈花园里的小廊桥，桥下是片片莲叶和莲花，岸边那缤纷的花儿朝着朝阳微笑。大A的造型，给花的元素提供广阔的展示空间，低调的灰色反衬弹指可破的美妙肤色。

◆**教师点评：**原作比照片更明艳，更动人。江盈的作品总是带着随心所欲的自由感。不管是线条还是色彩，不管她是随心画，还是认真画，作品都是那么地舒适。

主题：辛德瑞拉的后妈

（爱玩AI的合欢客串）

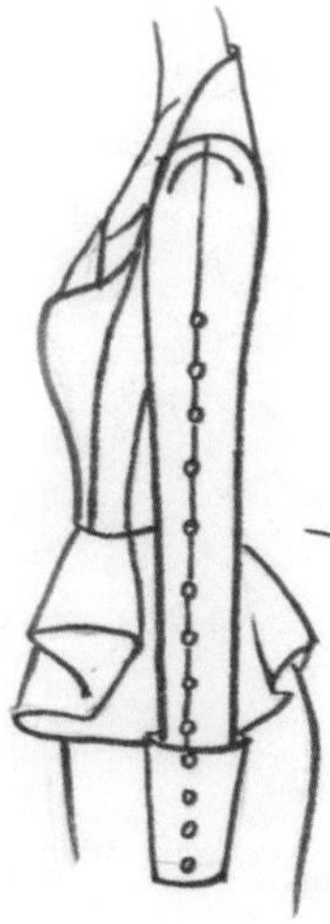

肩部细节图

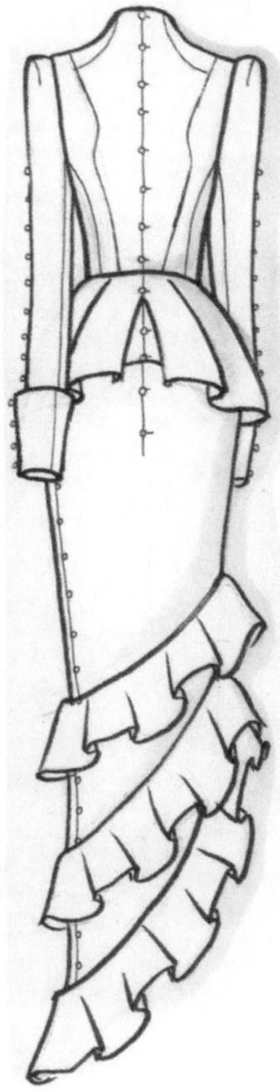

设计思路

外衣用金色和黑色配色，既华丽又有威严感，有种女伯爵的感觉。肩部造型外扩，臀部造型也打开，使得模特上身有了一个完美的X型。裙摆用了三层波浪，走动时会上下摆动。袖身和袖身侧用了许多珍珠作为装饰，尽显优雅华丽。

◆教师点评：款式图中，后中线上的装饰不需要达到臀围线。腰部的装饰遮盖了臀腰差处理的痕迹，在款式图中要用虚线表示出来。

◆教师点评：款式图没有画出袖窿的分割线，从工艺角度而言，还有很多需要改进的地方。手绘效果图要从制版、工艺能否实现的角度去思考，才能画出正确的款式图。

主题：拈花惹草

设计思路

浅绿色的外套门襟被水平割破，印染的飘带和真实的飘带互衬，刺绣的金线与蓝绿形成对比。粉红的内搭又是不对称的款，信手拈一朵大花夹于耳畔，一副拈花惹草、放荡不羁的形象。

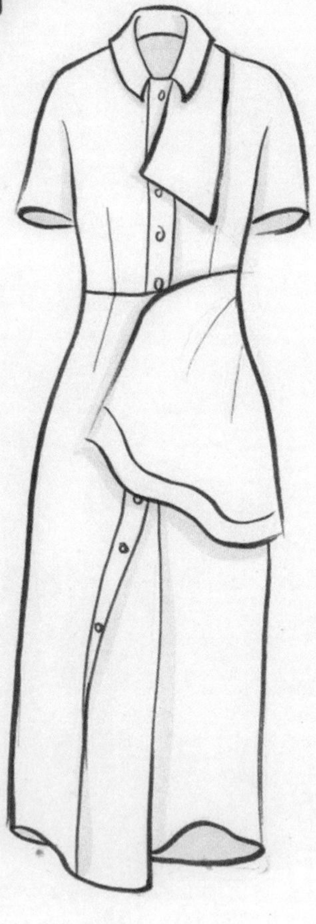

◆教师点评：宽袖大袍、飘逸材质在款式图上却变成了卫衣。这么犀利的言辞挖掘，却用宁静的表情来搭配，让幽默感更强。

主题：渺渺

设计思路 这是对社会落后现象进行讽刺的一个调侃款。各类世俗标榜都像标签一样贴在身体的角角落落。看似正经的装扮，实则处处令人啼笑皆非。

◆教师点评：服装设计岗位需要设计师快速出图，这个能力江盈已经具备，只是对材料的掌控能力尚嫌不足。要多走市场，多感受面料的特质。对结构的处理很多时候也是建立在对材料的熟知与掌控的基础之上的。

主题：仲夏夜之梦

设计思路 仲夏夜的星空是迷人的蓝色，缎纹的丝绸带来心驰神往的迷人光泽，如梦如幻的粉蓝色纱反射着露珠般的水钻和金银亮片，似森林中的迷雾缭绕，也似情人间的甜言蜜语。

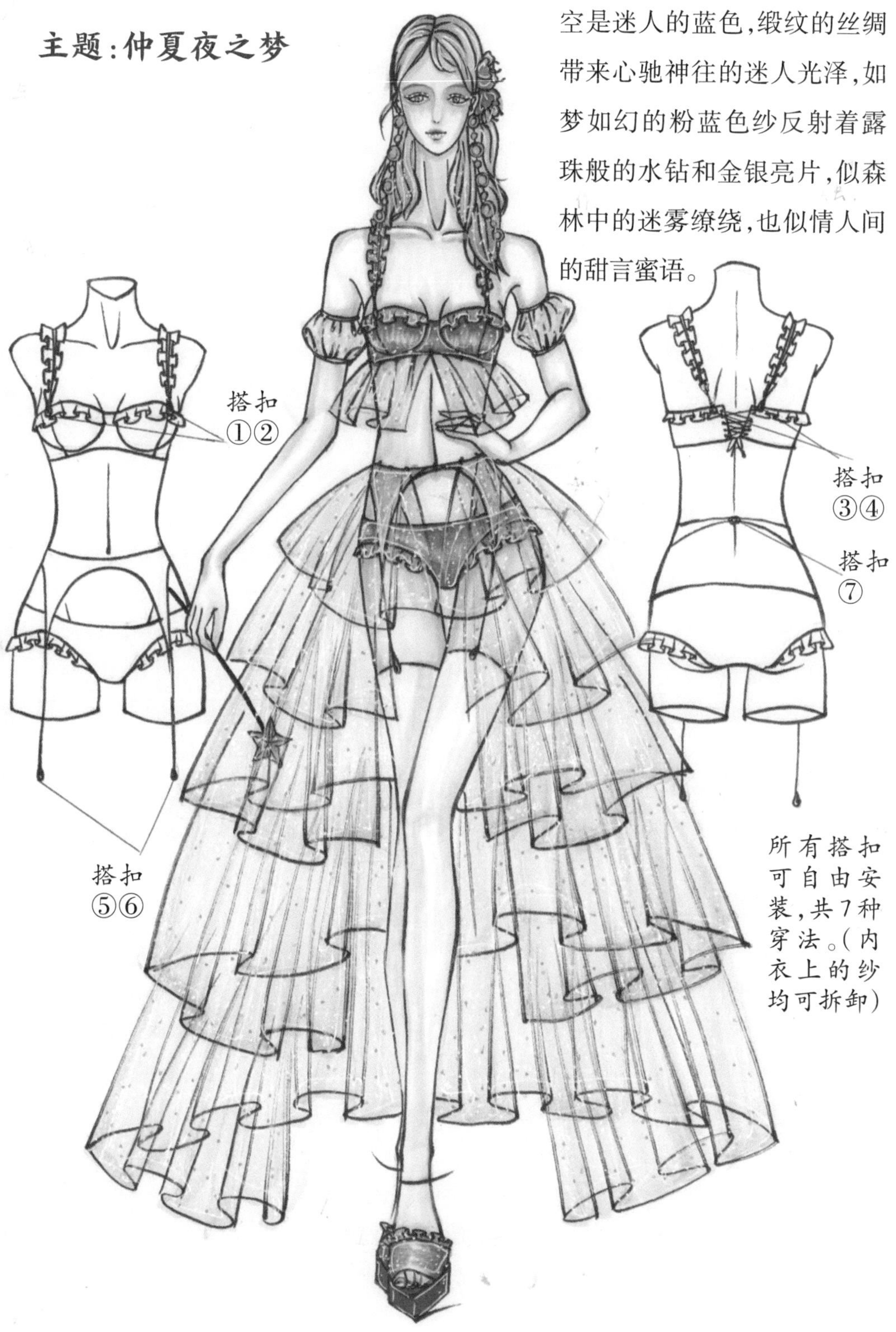

教师点评：简单的色彩，直白的结构，不经意间的抽皱，用细麻完美演绎希腊风格。

主题：德墨忒耳

设计思路 本款服装灵感来自希腊神话中的大地与丰收女神德墨忒耳。细麻布的抽皱与波浪，垂出爱琴海式的浪漫与温柔，不对称的袖子和裸露的小蛮腰都将会是最吸睛的细节。

教师点评：毛衣的款式图质感和效果图质感非常和谐统一。

主题：宜秋之上阶绿

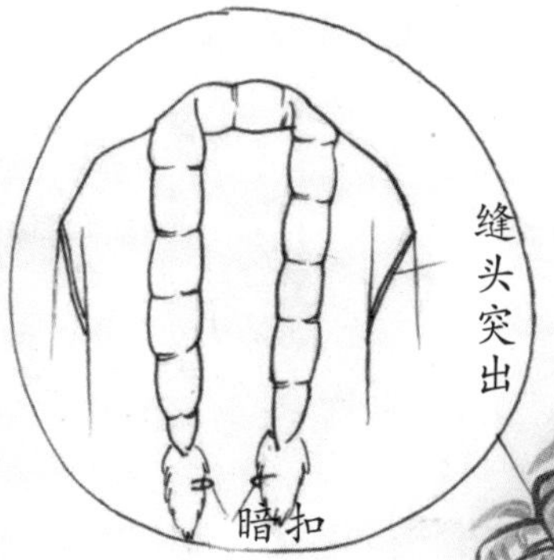

设计思路 暖秋，褪去晨雾，洒下温暖的阳光，衬衫扣子微开，毛衣滑落肩头，慵懒之气蔓延，橘黄与中黄的变色花线织出长款毛衣和毛线短裤，同色相拼的狐狸毛，映衬得白衬衫和灰皮鞋都染上了暖橙味儿的环境色。

主题：水的幻境

设计思路 犹如章鱼触角般的上衣上缀满了大大小小的气泡。气泡里养着各种水中生物，不对称的袖中线上装饰着透明纱皱，像贝壳的开口；深浅不一的裁片，仿佛深深浅浅的水域，无数小气泡疏密有致，也似水田一色的大景，倒映出岸边的树和空中的云。

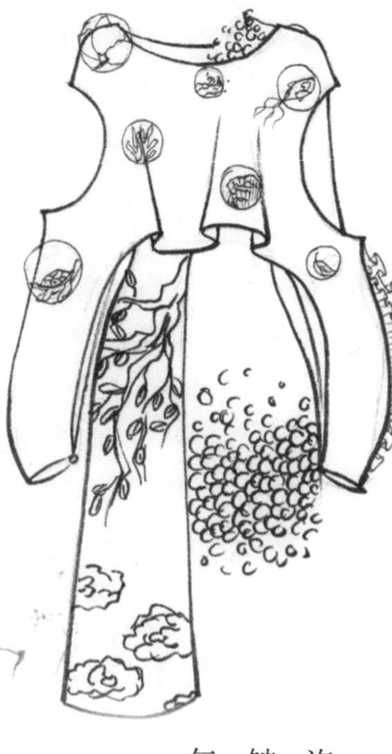

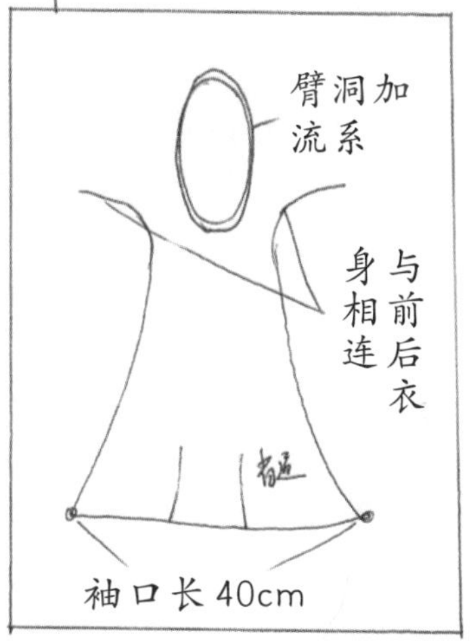

◆**教师点评**：重心有点微微倾斜，材质上可以大胆设想从针织到网纱的渐变，刺绣、拼贴，肌理丰富。

主题：宜秋之偶遇

设计思路 和她相聚，就像街头的偶遇。明艳的装扮，连衣短裙，依然是那么地迷人。分割线上的嵌线，让衣身有了骨架之美，完美的双腿在衣与鞋之间闪耀。

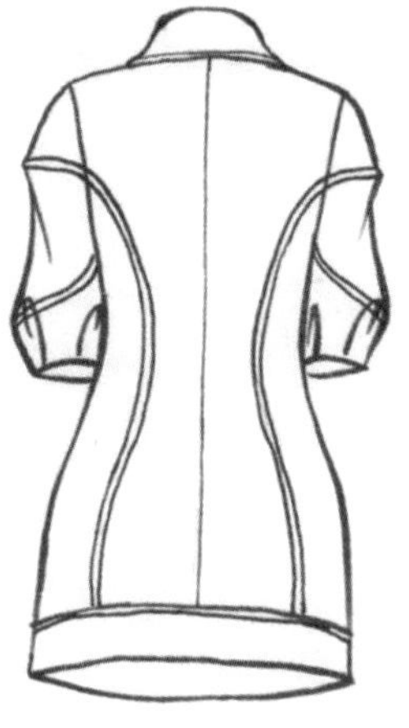

◆**教师点评**：模特的姿势非常自然，如果能对手的解构稍加关注就更好了。

教师点评：从款式图与细节图能感觉到江盈对结构的关注，这是一个设计师走向成熟的标志，也是必经的阶段。

主题：狩猎者

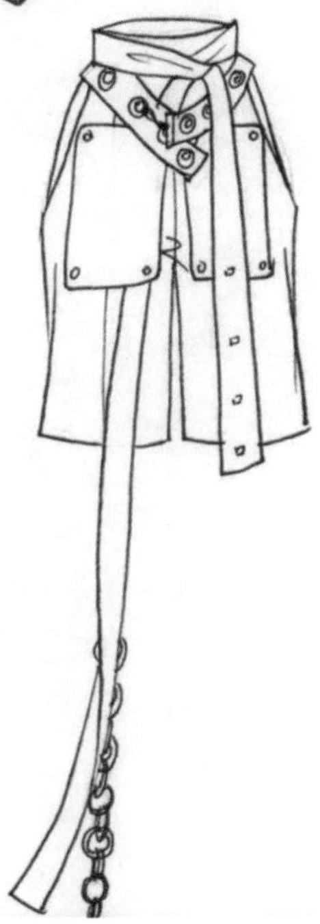

设计思路 本款服装灵感来自被俘获的猎物，本是刑具被改造成了项链、手环和腰带，灰暗的面料反衬出肌肤的柔嫩，铁链与铆钉对比出人体的柔弱，猎物的心中更渴望自己是狩猎人。

教师点评：款式比较简单，想法不错。用的虽是对比色，但因为有穿插，所以一点都不突兀。

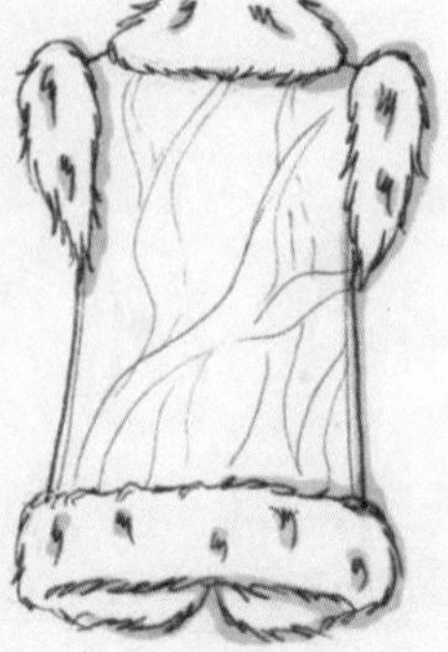

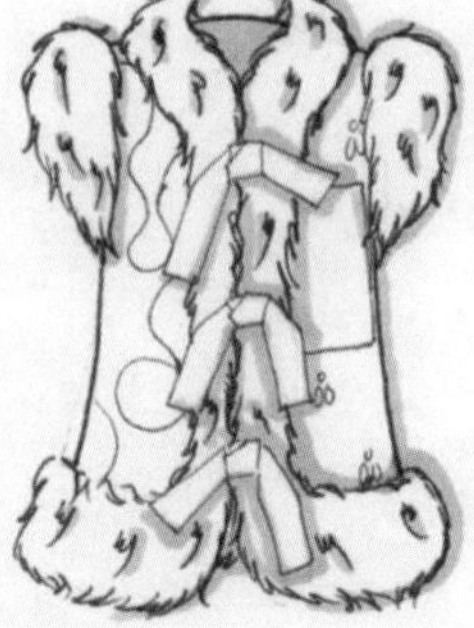

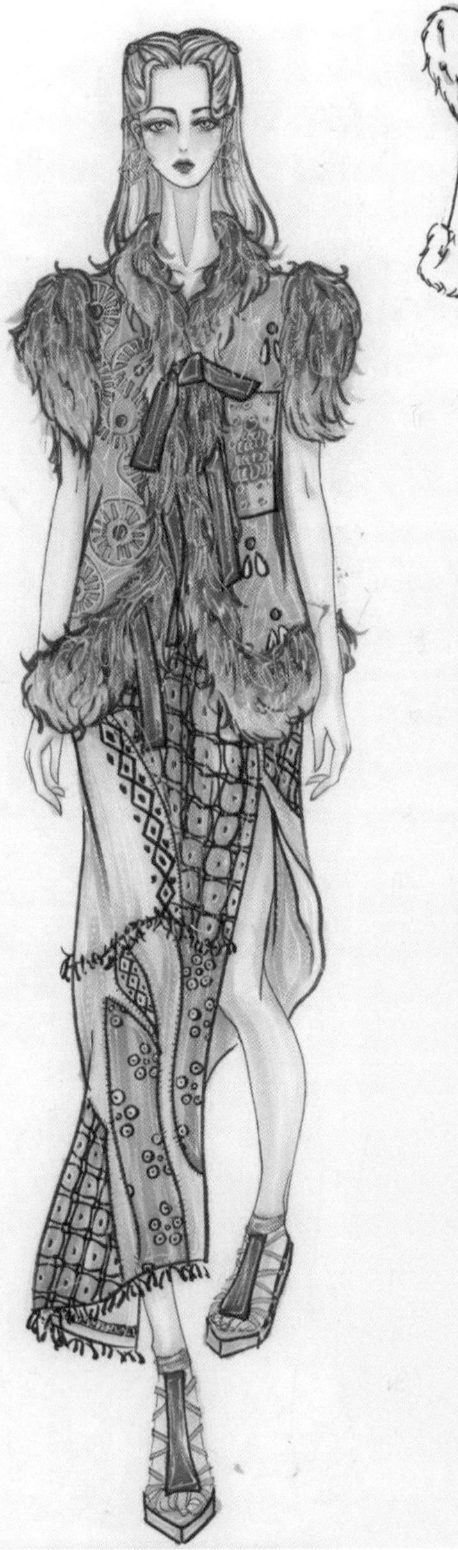

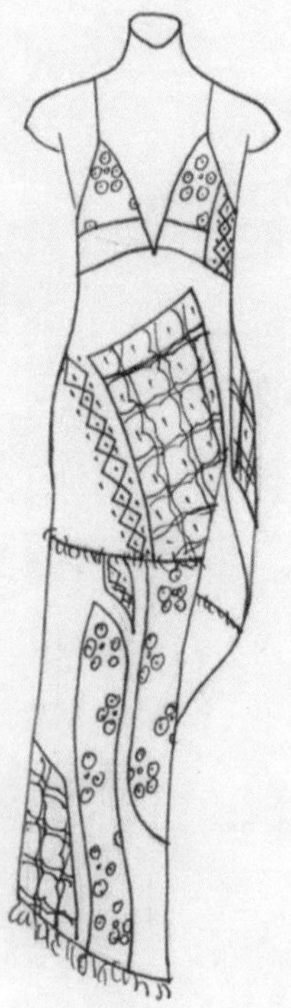

主题：赫哲族的春天

设计思路 冰雪即将消融，寒冷的冬季即将过去，人们穿的毛皮装开始褪去长袖管，打底的鱼皮裙缀满了美的心愿。

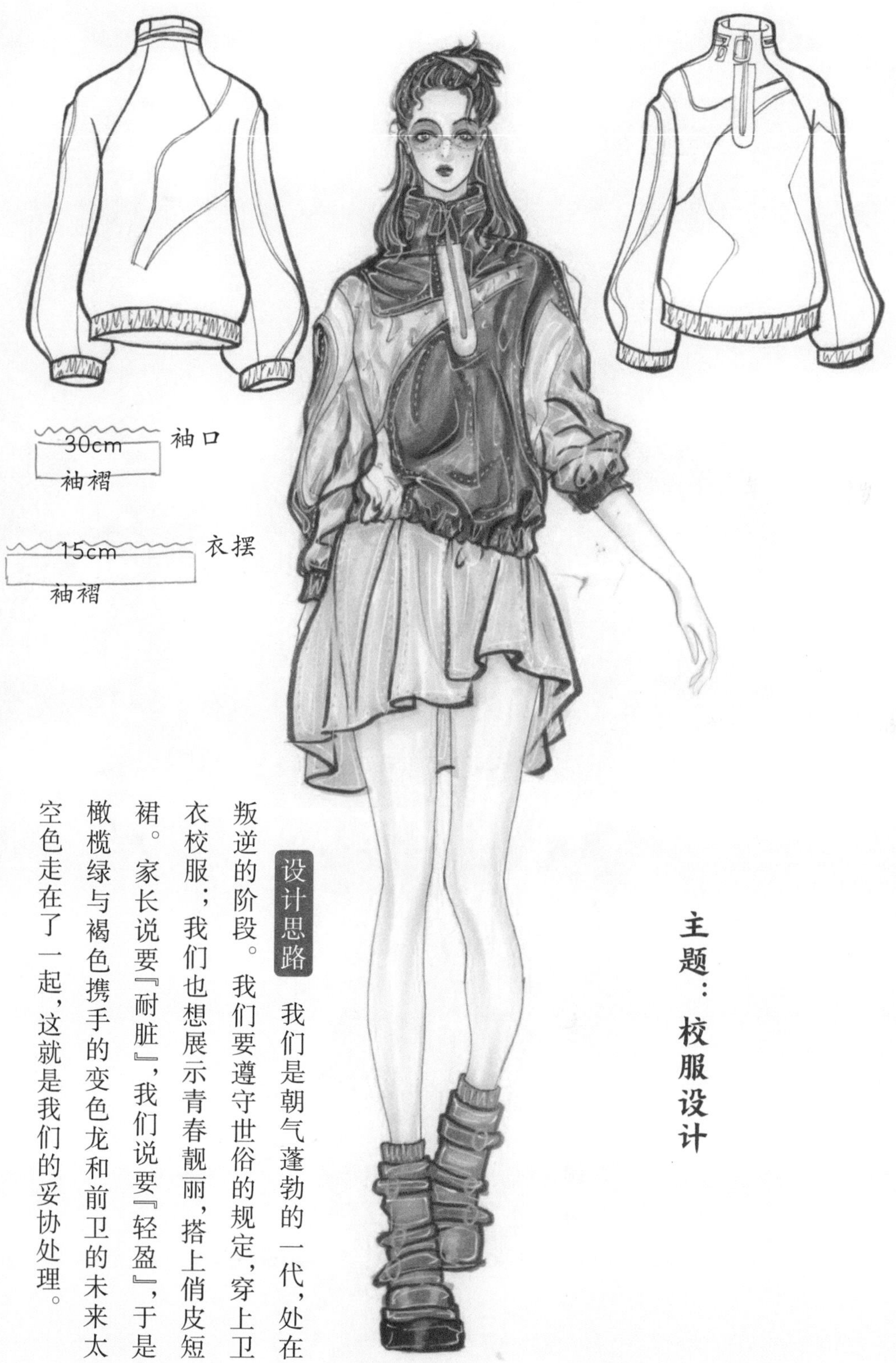

主题：校服设计

设计思路 我们是朝气蓬勃的一代，处在叛逆的阶段。我们要遵守世俗的规定，穿上卫衣校服；我们也想展示青春靓丽，搭上俏皮短裙。家长说要『耐脏』，我们说要『轻盈』，于是橄榄绿与褐色携手的变色龙和前卫的未来太空色走在了一起，这就是我们的妥协处理。

◆**教师点评**：传统的卫衣被肢解、改造，落肩的突出用高科技反光料实现，自由的分割是年轻人的最爱，传统而不失现代的组合，彰显年轻的心态。

侠之大者

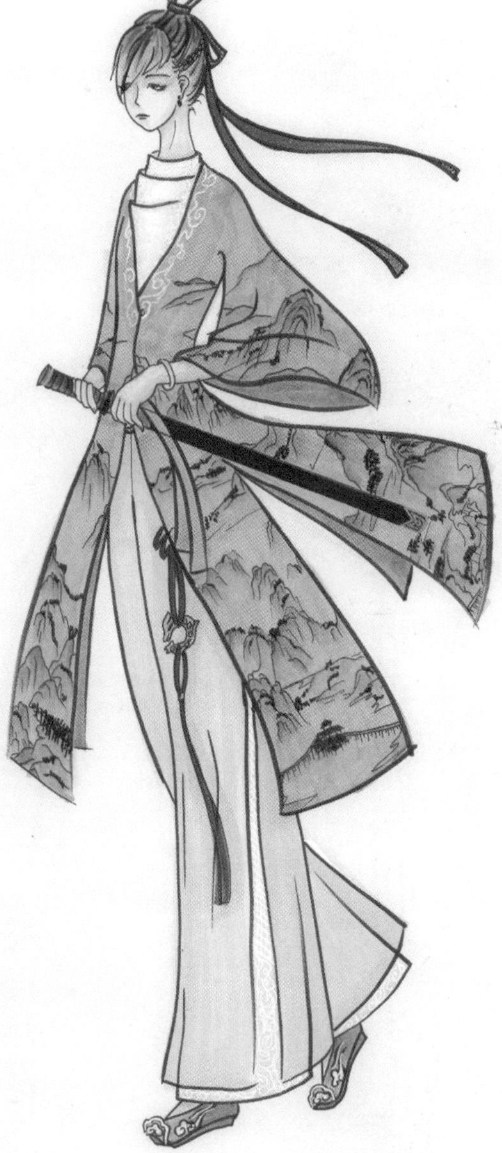

第十辑

其他学生作品赏析

作者：平燕费

作者:陈竹青

作者:李辰洋

作者:李辰洋

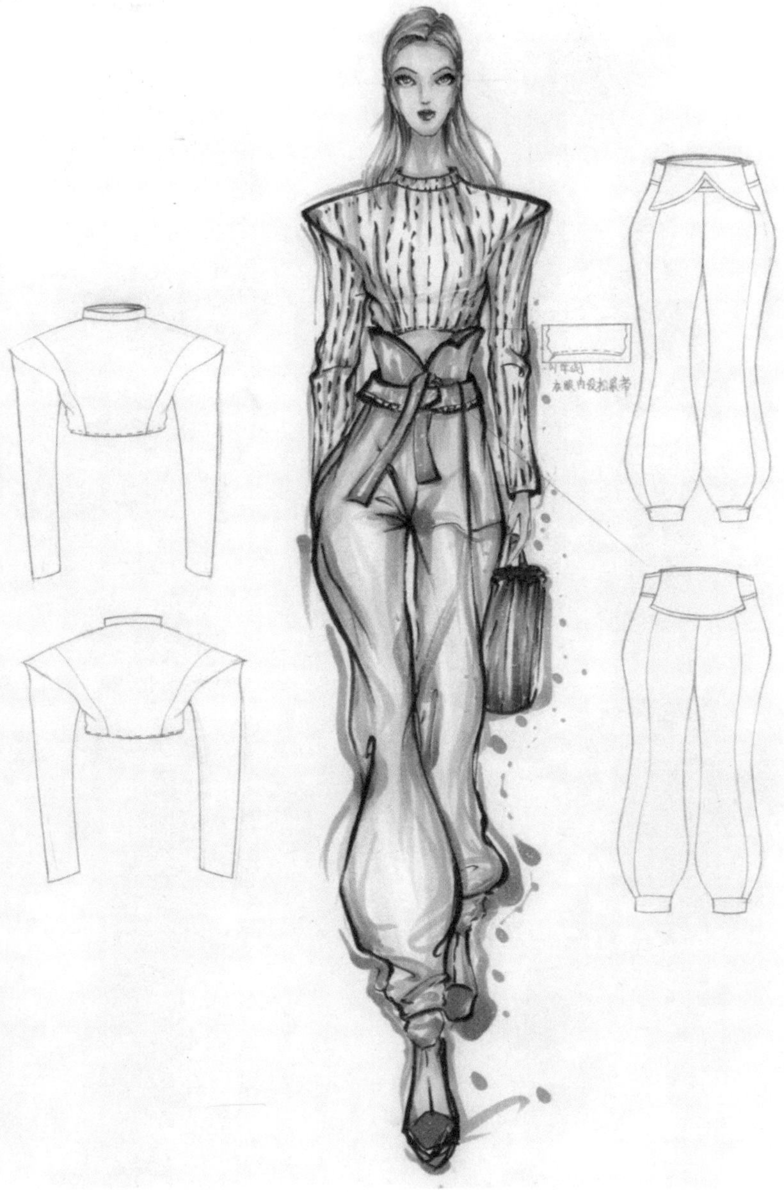

作者:陶浩男

作者:杜泽浩

作者:陈天莎

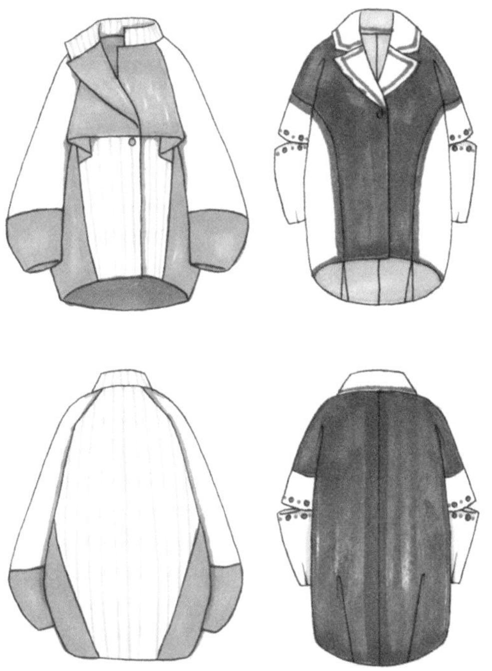

作者:徐雨婷

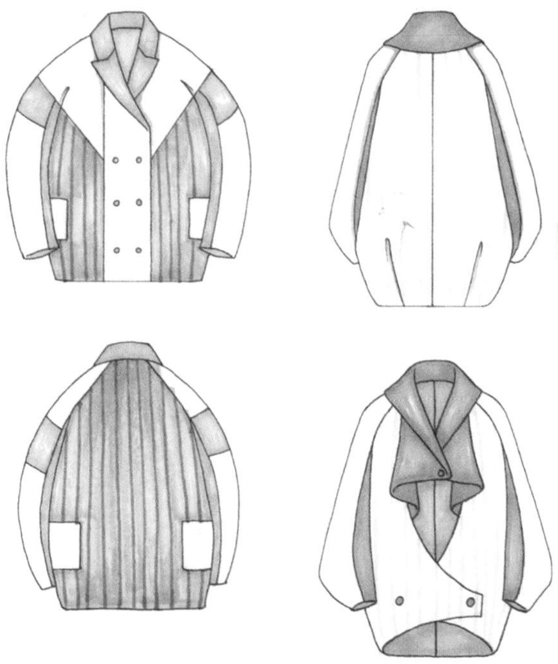

作者:徐雨婷

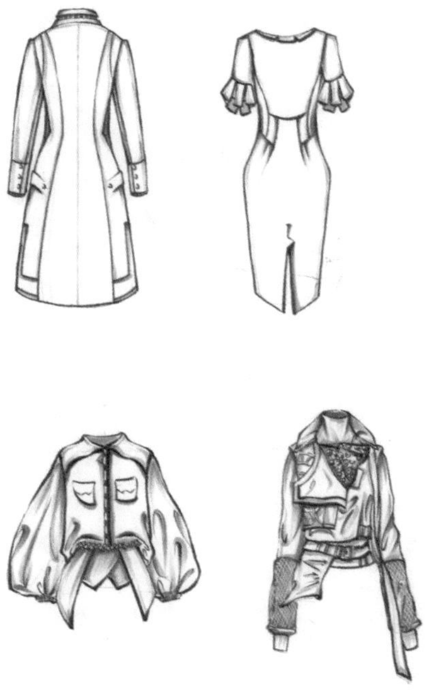

作者:张湘怡

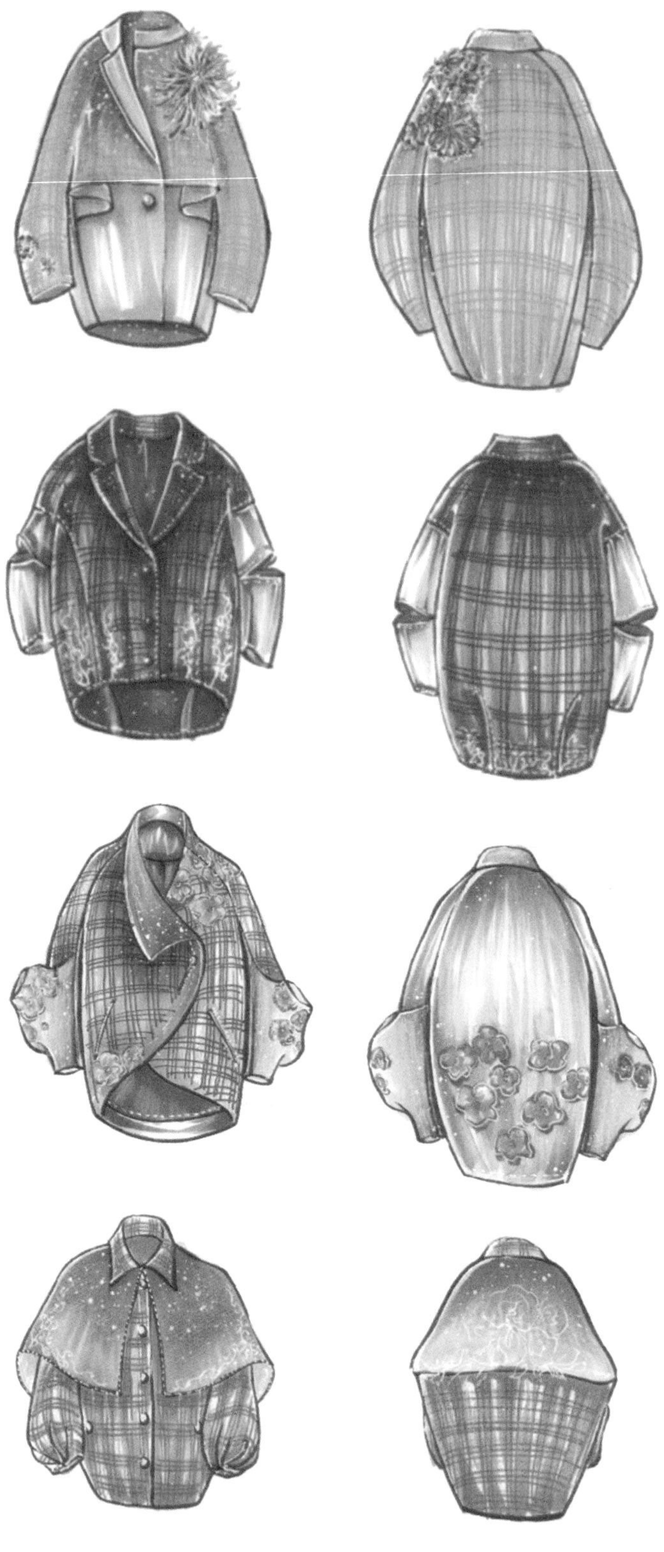

作者:张湘怡